T0226108

Geometrie, Physik und Biologie erleben

Georg Glaeser · Franz Gruber

Geometrie, Physik und Biologie erleben

Mit 300 Animations-Videos via QR-Code

Georg Glaeser
Abteilung für Geometrie
Universität für Angewandte Kunst Wien
Wien, Österreich

Franz Gruber
Abteilung für Geometrie
Universität für Angewandte Kunst Wien
Wien, Österreich

ISBN 978-3-662-67723-0   ISBN 978-3-662-67724-7   (eBook)
https://doi.org/10.1007/978-3-662-67724-7

Die Deutsche Nationalbibliothek verzeichnet diese Publikation in der Deutschen Nationalbibliografie; detaillierte bibliografische Daten sind im Internet über http://dnb.d-nb.de abrufbar.

Planung/Lektorat: Andreas Rüdinger
Springer ist ein Imprint der eingetragenen Gesellschaft Springer-Verlag GmbH, DE und ist ein Teil von Springer Nature.
Die Anschrift der Gesellschaft ist: Heidelberger Platz 3, 14197 Berlin, Germany

Das Papier dieses Produkts ist recyclebar.

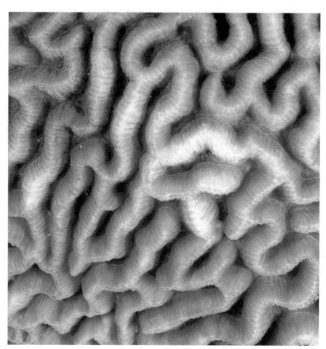

Oben: Hilbertkurve auf einer Kugel
Unten: Foto einer Hirnkoralle

Wie das Buch entstanden ist

Die beiden Autoren arbeiteten jahrelang an der Abteilung für Geometrie an der Universität für angewandte Kunst zusammen. Dort ist im Laufe der Zeit ein heterogenes, und vielleicht gerade deswegen, erfolgreiches Team zur geometrischen Softwareentwicklung entstanden.

Es begann mit der C++-Programmierumgebung *„Open Geometry"*, die von Georg Glaeser zusammen mit Mitarbeitern der Technischen Universität Wien (Hellmuth Stachel) und der Universität Innsbruck (Hans-Peter Schröcker) entwickelt wurde.

Entscheidende Impulse, vor allem für die Entwicklung einer professionellen Oberfläche, sind Peter Calvache geschuldet, wertvolle Beiträge stammen von Günter Wallner. In den letzten beiden Jahren war auch Christian Clemenz sehr stark an der Entwicklung der Software beteiligt. Viele der integrierten Simulationen wurden von ihm erstellt. Bemerkenswerter Input kam überdies auch von mehreren Usern von *Open Geometry*, sowie Studierenden der Technischen Universität Wien bzw. Universität für angewandte Kunst Wien. Boris Odehnal, mittlerweile nach meiner Emeritierung Professor für Geometrie an der Universität für angewandte Kunst, stand den Autoren oft bei der Lösung schwieriger mathematisch-geometrischer Fragen zur Seite.

Komplexe Fragestellungen und realistische Simulationen

Franz Gruber entwickelte eine bemerkenswerte Fertigkeit zur Programmierung mit *Open Geometry* und war aufgrund seines profunden physikalischen Wissens in der Lage, komplexere Fragestellungen mit Hilfe von realistischen Simulationen zu lösen. Sein völlig überraschendes Ableben im September 2019 war für das Team ein schwerer Verlust. Umso größer wurde der Wunsch, die Software, die maßgeblich von ihm beeinflusst war, der Öffentlichkeit zur Verfügung zu stellen.

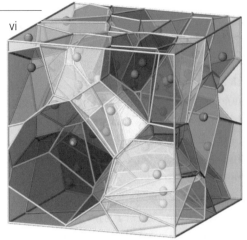

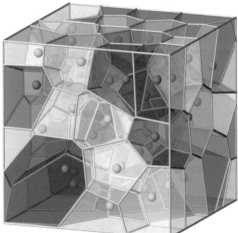

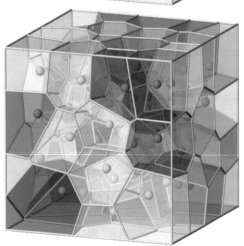

Schaumbildung im Würfel (Voronoi-
Diagramm). Optimierung der Zellen.

Die Software allein ist zu wenig

Dabei stellte sich heraus, dass ein bloßes „ins Netz stellen der Software" (sie hatte inzwischen den Namen *Cross-Science* erhalten), den Zweck nicht erfüllen kann: Die Themen sind zu spezifisch und teilweise auch zu komplex, um sie ohne weitere Erklärung aus der Hand zu geben. Es bot sich eine Art „Begleitbuch" an.

Keine bloße Beschreibung der Software!

Dieses Buch wurde daher zunächst als Begleitbuch zur frei zugänglichen Software *Cross-Science* verfasst. Diese ermöglicht es, etwa 140 einzelne, voneinander unabhängige, interaktive Anwendungen aus den Bereichen Biologie, Geometrie und Physik zu bedienen bzw. zu steuern. *Cross-Science* ist public domain und alle, die wollen, sind zunächst dazu eingeladen „damit herumzuspielen". Dieses Buch soll allerdings nicht nur eine Bedienungsanleitung des Programmpakets sein: Mittlerweile können viele, vor allem junge Leute, eine Software auch ohne Anleitung bedienen. Aber selbst solch geschickten Personen würde für einen Großteil der Animationen ein tieferes Verständnis fehlen.

Einbindung von Videos

Im Lauf der Entstehung des Buchs kam immer mehr der Gedanke auf, die Ergebnisse der Software direkt in Form von Videos zur Verfügung zu stellen, die mittels QR-Code abrufbar sind. Dadurch kann die Leserin oder der Leser ohne Abhängigkeit von mehr oder weniger guter eigener Hardware Seite für Seite zugehörige Animationen oder Kurzfilme ansehen. Zudem konnten auch nicht-computergenerierte Videos oder Animationen, die mit anderen Softwaresystemen erstellt wurden, hinzugenommen werden: Zeitlupen- oder Zeitraffersequenzen (z. B. von fliegenden Insekten, tropfenden Wasserhähnen oder langsam drehenden Uhrwerken), oder die schönen Animationen unserer begabten temporären Mitarbeiterin Meda Retagan. Am Buchende finden Sie zusätzlich eine Liste aller angegebenen Video-Sequenzen samt Autor oder Autorin.

Für wen ist dieses Buch geschrieben?

Das Buch ist für Menschen geschrieben, die generell eine Affinität zu den Naturwissenschaften und auch zur Technik haben. Das trifft für Lehrende, Studierende, aber auch interessierte Schülerinnen und Schüler zu.

Demo-Video
http://tethys.uni-ak.ac.at/cross-science/3d-foam.mp4

Was finden Sie in diesem Buch?

Das Buch ist in fünfzehn Kapitel unterteilt, in denen schwerpunktmäßig auf einzelne Programme eingegangen wird, die in gewisser Weise ähnliche Themen behandeln – etwa Kinematik, einfach und doppelt gekrümmte Flächen, biologische Mechanismen, Fotografie oder Fraktale. Die Kapitel sind praktischerweise in Doppelseiten eingeteilt und Sie können diese in beliebiger Reihenfolge lesen. Oft behandelt eine Doppelseite thematisch eines der etwa 150 Programme, beschränkt sich aber nicht ausschließlich darauf.

Lassen Sie sich von Details überraschen!

Wenn Sie etwas Vorwissen in Geometrie, Physik und Biologie haben, wird Ihnen vielleicht nach der Lektüre der einen oder anderen Doppelseite bewusst, dass es einige Bereiche gibt, über die Sie sich bisher kaum Gedanken gemacht haben. Es ist fast garantiert, dass selbst Leserinnen und Leser, die bereits gut mit der Materie vertraut sind, immer noch die eine oder andere Erkenntnis genießen können. Wenn Sie mitunter ein Thema im Moment nicht besonders interessiert: Sie können jederzeit Doppelseiten überblättern, ohne den Faden zu verlieren.

Weiterführende Literatur „im selben Stil"

In diesem Buch ist immer wieder von Themen die Rede, die auch schon in früheren Büchern – teilweise unter anderen Gesichtspunkten – besprochen wurden. Die folgenden Bücher wurden auch teilweise mit der hier beschriebenen Software illustriert. Hier die Liste jener Bücher, wo Sie mehr über hier besprochene Beispiele finden können (manchmal wurden auch Illustrationen aus diesen Büchern übernommen):

[1] G. Glaeser: *Geometrie und ihre Anwendungen in Kunst, Natur und Technik.* 4. Aufl., Springer Spektrum, Berlin 2022.
[2] G. Glaeser: *Wie aus der Zahl ein Zebra wird.* Spektrum Verlag, Heidelberg 2010.
[3] G. Glaeser, H. F. Paulus: *Die Evolution des Auges.* Springer Spektrum, Heidelberg 2013.
[4] G. Glaeser, H. F. Paulus, W. Nachtigall: *Die Evolution des Fliegens.* Springer Spektrum, Heidelberg 2016.
[5] G. Glaeser, W. Nachtigall: *Die Evolution biologischer Makrostrukturen.* Springer Spektrum, Heidelberg 2018.
[6] G. Glaeser: *Mondsüchtig. Das Wechselspiel der Gestirne in Bildern.* De Gruyter, Edition Angewandte, 2021.

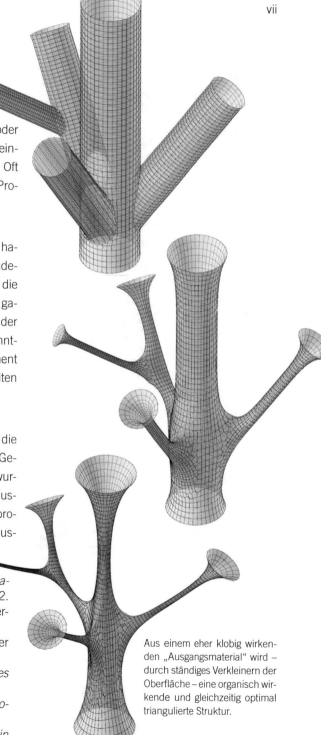

Aus einem eher klobig wirkenden „Ausgangsmaterial" wird – durch ständiges Verkleinern der Oberfläche – eine organisch wirkende und gleichzeitig optimal triangulierte Struktur.

Demo-Video
http://tethys.uni-ak.ac.at/cross-science/reducing-the-surface.mp4

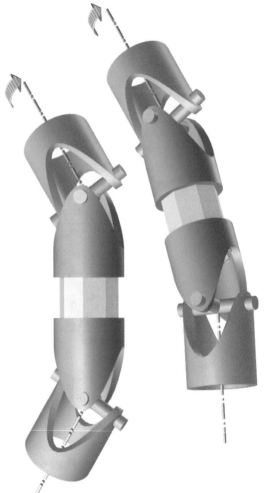

Die Kardanwelle hat wichtige Anwendungen in der Technik. Sie überträgt eine Drehung von einer Achse auf eine schneidende Achse. Ihre wahre Stärke kann sie aber erst dann zeigen, wenn man zumindest zwei solcher Wellen kombiniert.

Demo-Video
http://tethys.uni-ak.ac.at/cross-science/cardan-joints2.mp4

Inhaltsverzeichnis

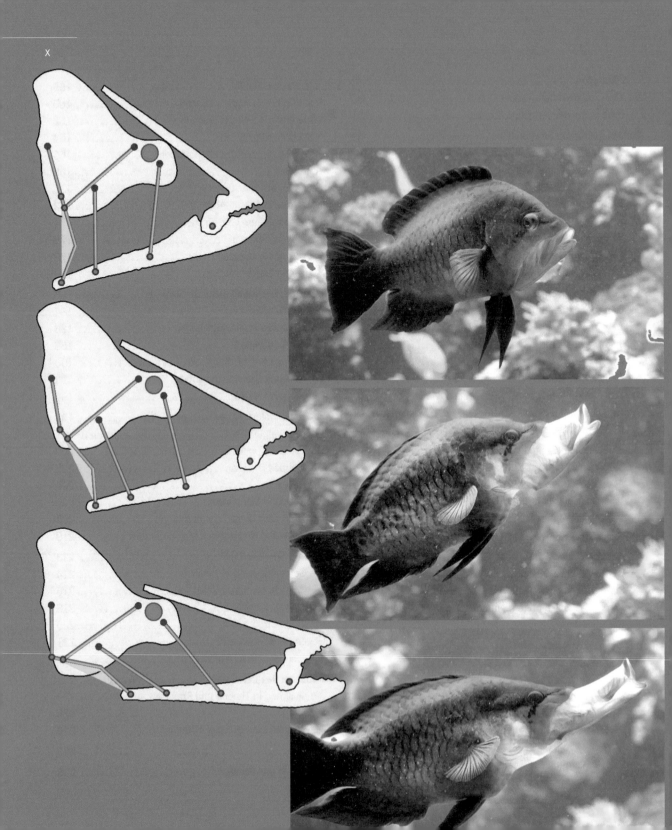

Kinematik:
Bewegung in Natur und Technik

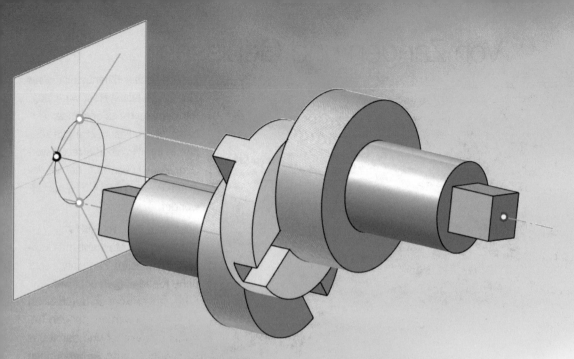

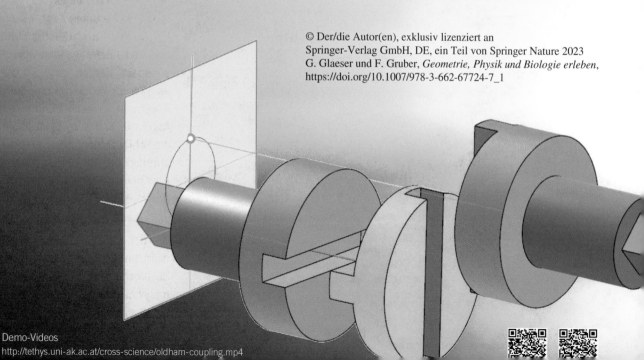

Kinematik:
Bewegung in Natur und Technik

© Der/die Autor(en), exklusiv lizenziert an
Springer-Verlag GmbH, DE, ein Teil von Springer Nature 2023
G. Glaeser und F. Gruber, *Geometrie, Physik und Biologie erleben*,
https://doi.org/10.1007/978-3-662-67724-7_1

Von Zangen und Gebissen

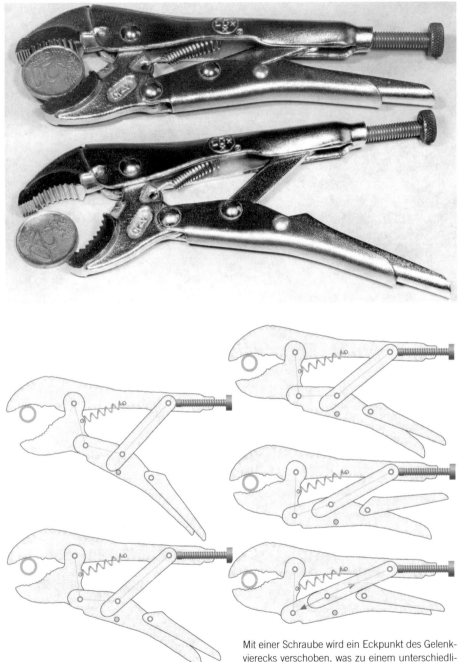

Mit einer Schraube wird ein Eckpunkt des Gelenk-vierecks verschoben, was zu einem unterschiedlichen Totpunkt führt.

Ein praktischer Fixiermechanismus

Eine Zange ist ein Handwerkzeug, mit dem man Gegenstände festhalten kann. Feststellzangen können in ihrer Position arretiert werden. Zum Lösen aus der verriegelten Position wird ein Hebel verwendet.

Ausnützen des „Totpunkts"

Aufgrund des Mechanismus können mit diesem Zangentyp sehr hohe Kräfte aufgebracht werden. Fixierzangen können durch einen Hebel gelöst werden, der den Totpunkt überwindet und damit das Werkstück freigibt. Anwendungen sind, zum Beispiel, das Lösen von sehr festsitzenden Schraubverbindungen, das Fixieren von Werkstücken und die Verwendung der Zange als „dritte Hand".

Anpassen an das Objekt

Die Bildreihe unten zeigt, wie die Feststellposition an den Durchmesser des zu befestigenden Objekts angepasst werden kann. Zu diesem Zweck wird eine Schraube verwendet. In der festen Position sind maximale Kräfte im Spiel. Wenn die Schraube richtig eingestellt ist, erfordert der Fixiervorgang kaum Kraftaufwand, und die Kraft, die das Werkstück festhält, ist enorm.

Zangen im Tierreich

Auf der nächsten Seite wird ein nicht unähnlicher Mechanismus besprochen, der es Waranen ermöglicht, das zangenförmige Maul gleichzeitig nach oben und unten zu öffnen.

Demo-Video
http://tethys.uni-ak.ac.at/cross-science/wrench.mp4

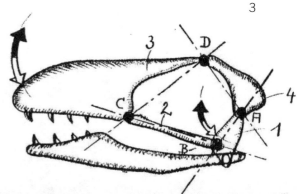

Viergelenkkette im Waranschädel

Eine kinematische Kette besteht, wie die Skizze (Werner Nachtigall) zeigt, aus vier miteinander gelenkig verbundenen Elementen 1 bis 4. Das System weist also auch vier Gelenke A bis D auf. Eine solche Kette ist „zwangsläufig". Hält man beispielsweise in Gedanken das Element 4 fest und dreht das Element 1 um sein Gelenk A, so bewegt sich das Element 3 in definierter Weise hin und her, weil die Bewegung von 1 auf 3 durch das zwischengekoppelte Element 2 vermittelt wird.

Gleichzeitiges Aufklappen

Wenn sich der Unterkiefer senkt, drehen Muskeln den Knochen 1 im Gelenk A nach vorne-oben. Als Folge davon hebt sich zwangsläufig der Oberkiefer und umgekehrt. Die Vorteile liegen auch hier darin, dass die beiden Kiefer scherenartig gegeneinander arbeiten können, wie die untenstehende Animation zeigt.

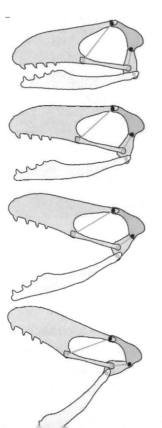

Komodowaran
(*Varanus komodoensis*)

Demo-Videos
http://tethys.uni-ak.ac.at/cross-science/iguana-bite.mp4

Nüsse knacken und Beute verschlingen

Körnerfressen mit Beißzangenprinzip

Körnerfressende Papageien (im Bild ein Kakadu) bewegen Ober- und Unterschnabel gegeneinander. Wenn sich der Unterschnabel senkt, hebt sich der Oberschnabel – und umgekehrt.

Dafür sorgt eine Zwangskoppelung zwischen den beiden Schnabelhälften, die sich knöcherner Elemente des Schädels bedient. Eine solche Zwangskoppelung ist günstig beim Körnerfressen. Wäre eine Schnabelhälfte fest und würde die andere dagegen drücken, so könnte ein Korn leicht herausrutschen. Die Evolution hat zu einem besseren Prinzip geführt. Die beiden Schnabelhälften bewegen sich wie die Backen einer Zange gegeneinander.

Schnabel wird auch zum Klettern verwendet

Solche „Zangenschnäbel" erleichtern auch das Klettern. Papageien benutzen bekanntlich ihren Schnabel wie eine dritte Extremität und halten sich an Zweigen oder Leisten fest, wenn sie mit den Füßen einen Halt suchen.

Es geht noch komplizierter

Auf dieser Seite werden zwei Mechanismen vorgestellt, die bei zwei
Raubfischen unterschiedlicher Größe „implementiert" sind: Beim harm-
los aussehenden und relativ kleinen
Stülpmaul-Lippfisch *Epibulus insi-
diator* (s. S. 0f.) und beim skurril
aussehenden Koboldhai (Nasenhai)
Mitsukurina owstoni, der üblicherweise in größeren Tiefen lebt.

Blitzschnelles Ausstülpen des Mauls

Der Stülpmaul-Lippfisch hat einen
raffinierten Jagdtrick im Korallenriff
entwickelt: Während des Fressens
entfaltet sich sein Maul blitzschnell
zu einem langen Rohr, mit dem er
kleine Fische einsaugt. Zwischenlagen aus der entsprechenden Animation sind in der linken Spalte zu
sehen. Dieser Angriff trifft die Beu-
tefische völlig unvorbereitet, denn
Fische schätzen die Gefährlichkeit
von Raubfischen üblicherweise anhand deren Größe, Geschwindigkeit
und des Abstands zu ihm ein.

Vorschnellende Kiefer

Der Koboldhai hat eine lange vor-
stehende Nase, die bei Zuschnap-
pen nahezu unbeweglich bleibt.
Zunächst schnappt der Unterkiefer
nach unten, dann werden beide Kiefer nach vor geschnellt. Die dahinter steckende kinematische Bewegung ist dreidimensional und nicht
leicht zu erfassen. In den Zwischenlagen ist zu erkennen, dass die rot
markierten Punkte fest bleiben. Beide Kiefer sind übrigens zweigeteilt,
und der linke und der rechte Teil
sind elastisch miteinander verbunden.

Demo-Videos
http://tethys.uni-ak.ac.at/cross-science/jaws.mp4

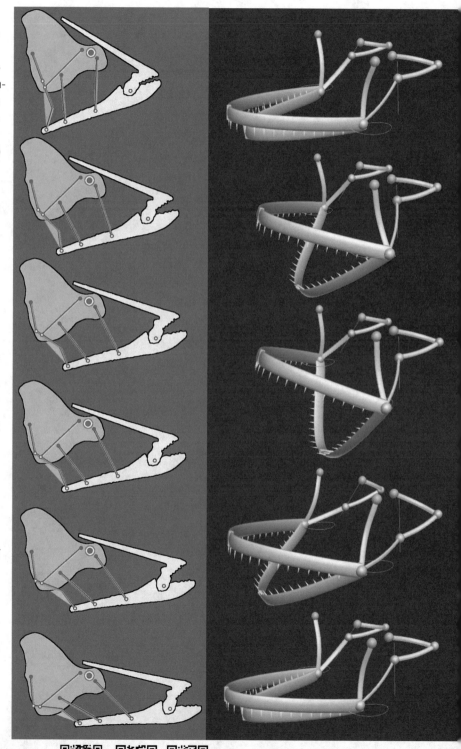

Umwandlung von Translation in Rotation

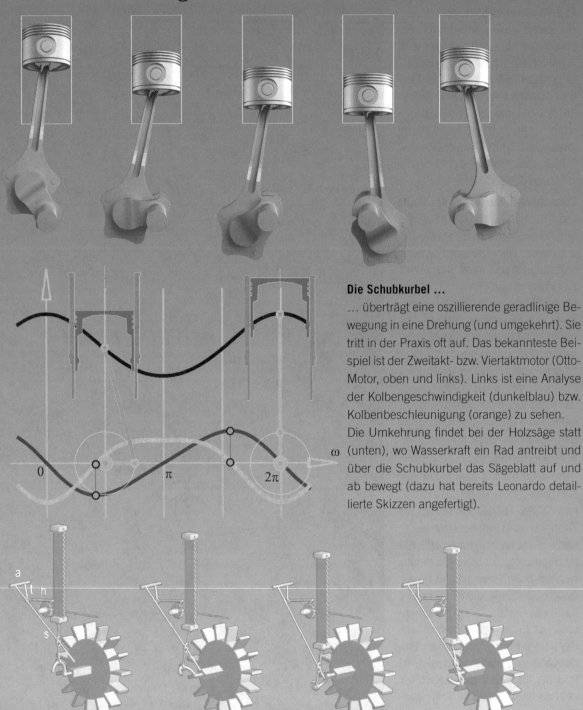

Die Schubkurbel ...

... überträgt eine oszillierende geradlinige Bewegung in eine Drehung (und umgekehrt). Sie tritt in der Praxis oft auf. Das bekannteste Beispiel ist der Zweitakt- bzw. Viertaktmotor (Otto-Motor, oben und links). Links ist eine Analyse der Kolbengeschwindigkeit (dunkelblau) bzw. Kolbenbeschleunigung (orange) zu sehen. Die Umkehrung findet bei der Holzsäge statt (unten), wo Wasserkraft ein Rad antreibt und über die Schubkurbel das Sägeblatt auf und ab bewegt (dazu hat bereits Leonardo detaillierte Skizzen angefertigt).

Demo-Videos
http://tethys.uni-ak.ac.at/cross-science/piston-otto-engine.mp4
http://tethys.uni-ak.ac.at/cross-science/otto-engine-analysis.mp4

Der Sternmotor

Eine bemerkenswerte Verallgemeinerung der Schubkurbel wird beim Motor von Propellerflugzeugen angewendet. Hier treiben gleich mehrere Kolben die Welle des Propellers (rot markiert) an. Das entsprechende Video hilft, die Bewegung besser verstehen zu können.

Demo-Video

http://tethys.uni-ak.ac.at/cross-science/radial-engine.mp4

Dampflokomotiven

Bis zur Mitte des 20. Jahrhunderts dominierten Dampflokomotiven den Schienenverkehr. Anhand der „Liliput"-Lokomotive im Wiener Prater (gebaut 1928, siehe Video) sollen zwei Aspekte besprochen werden: Der Antrieb und die Schaltung. Die Nummern 1 bis 5 beziehen sich auf die Bilder auf der rechten Seite.

Die Kolbendampfmaschine

Durch Verbrennung von Kohle wird Wasserdampf erzeugt, der von oben in den Steuerzylinder gepresst wird (senkrechter roter Einlass). Dort wird abwechselnd über symmetrische Ventile Dampf abgelassen. Dadurch wird ein Druckunterschied erzeugt, der einen Schieber hin- und herbewegt. Durch entsprechende Schlitzöffnungen wird dabei im darunter liegenden Dampfzylinder – ebenfalls durch Druckunterschiede – der eigentliche Kolben hin- und herbewegt. Die Bewegung des Kolbens wird nun in Rotationsenergie umgewandelt, um ein Rad anzutreiben.

Die Heusinger-Walschaerts-Steuerung

Der nicht-triviale Mechanismus wurde – offenbar unabhängig voneinander – in Deutschland und Belgien in den 1840-er Jahren entwickelt und stellt eine Meisterleistung der damaligen Ingenieurskunst dar. Selbst mit einem Animationsvideo muss man sich Zeit nehmen, um die Details des mehrgliedrigen Getriebes zu verstehen. Bemerkenswert ist, dass die Maschine neben der neutralen Stellung (Bild 1) je zwei Vorwärtsgänge (Bilder 2 und 3) und zwei Rückwärtsgänge (hier nur Bild 4) hat.

Die Hin- und Herbewegung des Kolbens wird in die Rotation eines einzigen Rades (mittleres großes Rad) umgewandelt. Dieses Rad treibt dann über ein Gelenkparallelogramm (in Bild 5 rot eingezeichnet) die beiden anderen großen Räder der Lokomotive an.

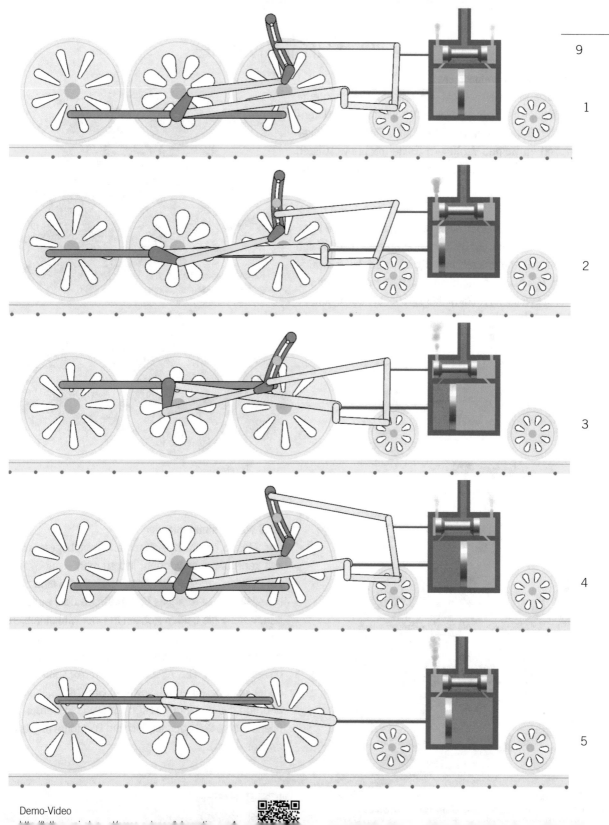

9

1

2

3

4

5

Demo-Video

Die Kardanwelle

Übertragung des Drehmoments

Die Kardanwelle ermöglicht die robuste Drehmoment-Übertragung in einem geknickten Wellenstrang (die Drehachsen müssen einander schneiden). Der Knickwinkel darf sich im Betrieb verändern (Bilder rechts vs. Bilder unten), allerdings nur bis zu einem eingeschränkten Winkel von etwa $\pm 45°$.

„Kardanfehler"

Im einfachsten Fall (einzelnes Kardangelenk) ist die Winkelgeschwindigkeit der (gelben) Abtriebswelle nicht gleich der (blauen) Antriebsgeschwindigkeit und schwankt periodisch. Die Abweichung nimmt mit dem Knickwinkel zu, wobei die Welle bei Knickwinkeln größer als $45°$ blockiert (vgl. erstes Video).

Kardangelenk mit nicht zu großem Knickwinkel

Schon fast blockierendes Kardangelenk (Knickwinkel groß)

Zwei Wellen hintereinander

Das Manko der nicht-konstanten Antriebsgeschwindigkeit kann behoben werden, indem man – mit System – zwei Wellen „aneinanderhängt". Dabei wird eine zusätzliche Hilfsachse (oranges Verbindungsstück) eingeschoben, welche die beiden Achsen in einer winkelhalbierenden Richtung miteinander verbindet: Sie schneidet die beiden Wellen in gleichem Abstand vom Schnittpunkt der beiden Achsen. Der Abstand der Kreuzgelenke voneinander ist dabei innerhalb gewisser Grenzen beliebig, weil er durch das Verbindungsstück überbrückt werden kann (siehe rechte Seite oberes Bild und Bild Mitte rechts bzw. zweites Video).

Demo-Videos
http://tethys.uni-ak.ac.at/cross-science/cardan-joint.mp4
http://tethys.uni-ak.ac.at/cross-science/two-cardan-joints.mp4

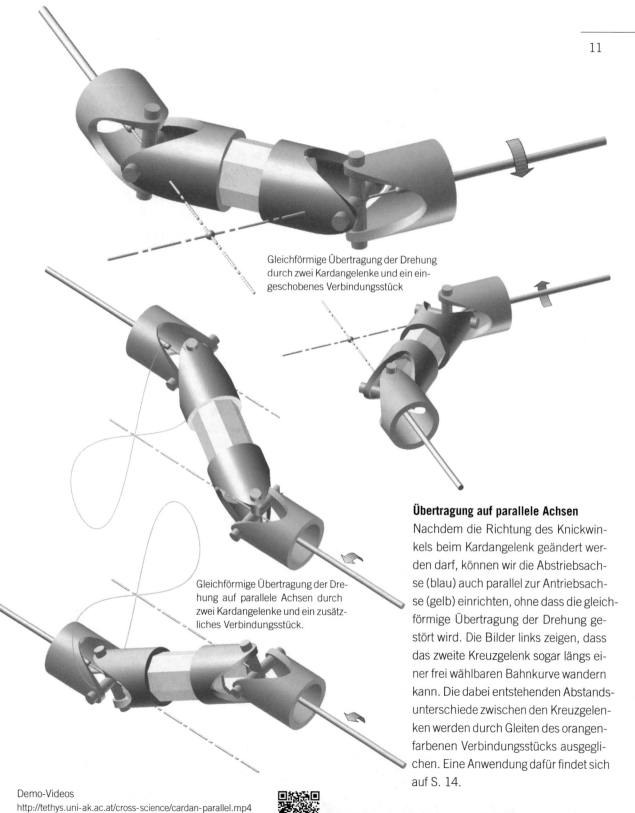

Gleichförmige Übertragung der Drehung durch zwei Kardangelenke und ein eingeschobenes Verbindungsstück

Gleichförmige Übertragung der Drehung auf parallele Achsen durch zwei Kardangelenke und ein zusätzliches Verbindungsstück.

Übertragung auf parallele Achsen

Nachdem die Richtung des Knickwinkels beim Kardangelenk geändert werden darf, können wir die Abstriebsachse (blau) auch parallel zur Antriebsachse (gelb) einrichten, ohne dass die gleichförmige Übertragung der Drehung gestört wird. Die Bilder links zeigen, dass das zweite Kreuzgelenk sogar längs einer frei wählbaren Bahnkurve wandern kann. Die dabei entstehenden Abstandsunterschiede zwischen den Kreuzgelenken werden durch Gleiten des orangenfarbenen Verbindungsstücks ausgeglichen. Eine Anwendung dafür findet sich auf S. 14.

Demo-Videos
http://tethys.uni-ak.ac.at/cross-science/cardan-parallel.mp4

Weitwinkel-Kardanwellen

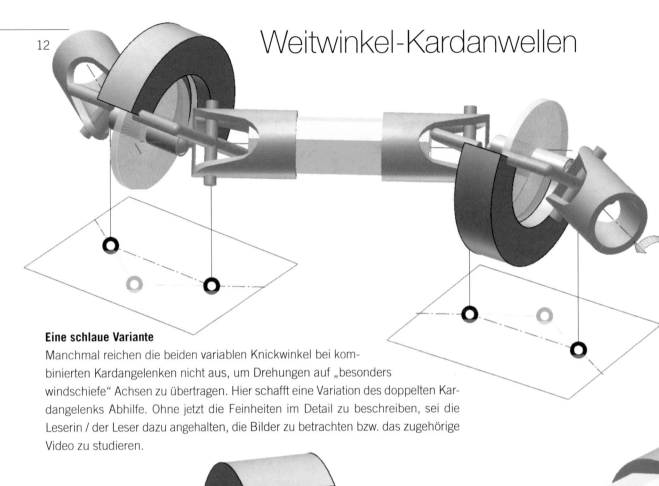

Eine schlaue Variante

Manchmal reichen die beiden variablen Knickwinkel bei kombinierten Kardangelenken nicht aus, um Drehungen auf „besonders windschiefe" Achsen zu übertragen. Hier schafft eine Variation des doppelten Kardangelenks Abhilfe. Ohne jetzt die Feinheiten im Detail zu beschreiben, sei die Leserin / der Leser dazu angehalten, die Bilder zu betrachten bzw. das zugehörige Video zu studieren.

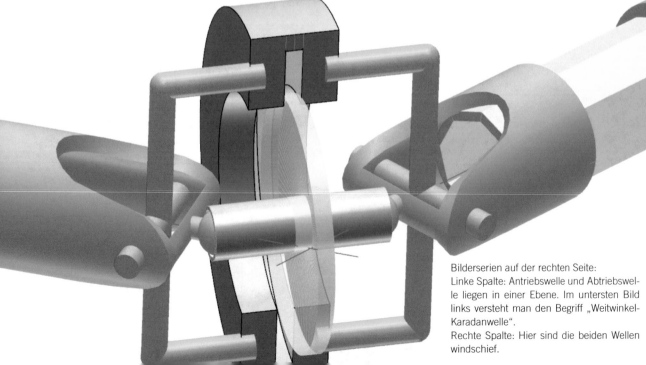

Bilderserien auf der rechten Seite:
Linke Spalte: Antriebswelle und Abtriebswelle liegen in einer Ebene. Im untersten Bild links versteht man den Begriff „Weitwinkel-Karadanwelle".
Rechte Spalte: Hier sind die beiden Wellen windschief.

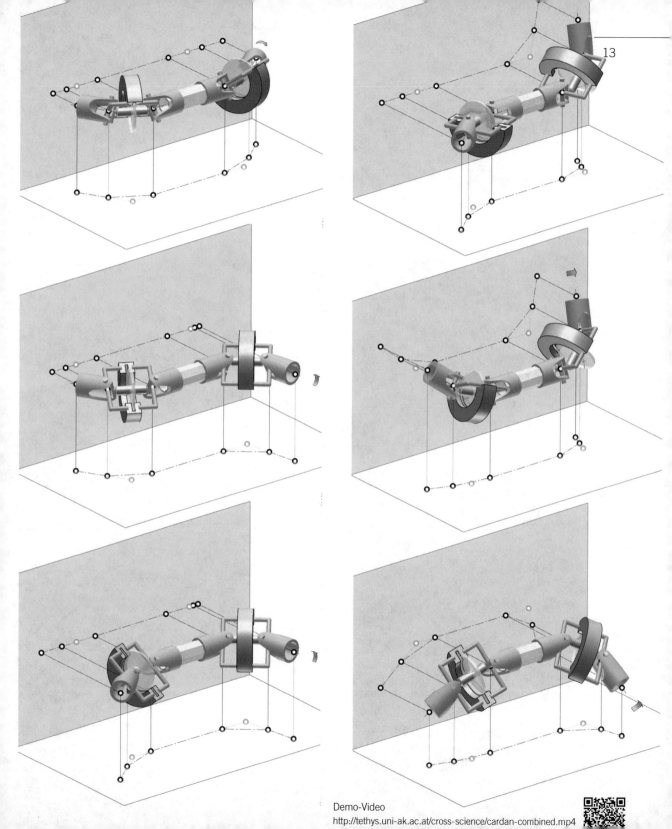

13

Demo-Video
http://tethys.uni-ak.ac.at/cross-science/cardan-combined.mp4

Wir bohren quadratische Löcher

Ein Gleichdick in einem Quadrat umwälzen

Ein gleichseitiges Dreieck mit Seitenlänge a kann man zu einem sog. „Gleichdick" machen, indem man in den Eckpunkten einsticht und jeweils einen Kreisbogen durch die beiden anderen Punkte zeichnet. So ein Dreieck kann man beliebig in einem Quadrat mit Seitenlänge a umwälzen.

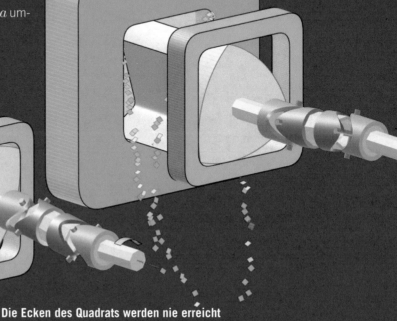

Die Ecken des Quadrats werden nie erreicht

Beim Umwälzen werden die Ecken des Quadrats nicht ausgefräst. Die Ausrundungen sehen zwar kreisförmig aus, sind aber genau genommen Teile von Ellipsen (siehe nächste Seite).

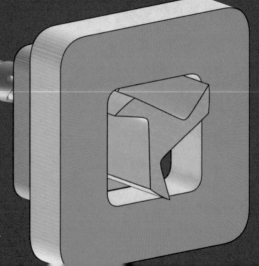

Der Trick mit der „Schablone"

Beim Umwälzen bewegt sich der Mittelpunkt des Gleichdicks zwangsläufig ovalförmig. Beim Bohren will man anderseits die gleichförmige Drehung einer Welle (Bohrmaschine!) in eine gleichförmige Drehung des Ovals umwandeln. Dies kann mit einer Führungsschablone und Hilfe zweier Kardanwellen geschehen.

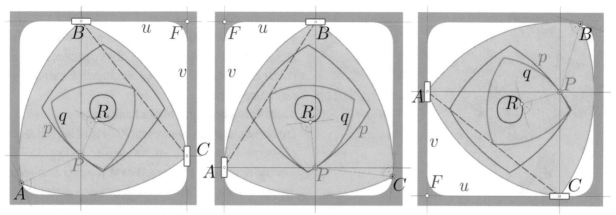

Wie genau bewegt sich das Gleichdick?

Die obige Skizze zeigt: Das Gleichdick (nach seinem Erfinder auch Reuleaux-Dreieck genannt) berührt mit seinen Randkreisen genau zweimal, gleichzeitig werden stets zwei seiner Eckpunkte entlang von Geraden geführt. Das führt zu keinem Widerspruch, denn die beiden Punkte sind ja auch die Mittelpunkte der Kreise.

Eine Serie von Ellipsenbewegungen

Nachdem der Abstand zweier Eckpunkte stets konstant ist, liegt in jedem Augenblick eine Ellipsenbewegung vor, zu dem ein Stab konstanter Länge mit seinen Endpunkten entlang zweier (rechtwinkliger) Geraden geführt wird. Wechseln die Führungsgeraden, wechselt auch die jeweilige Ellipsenbewegung.

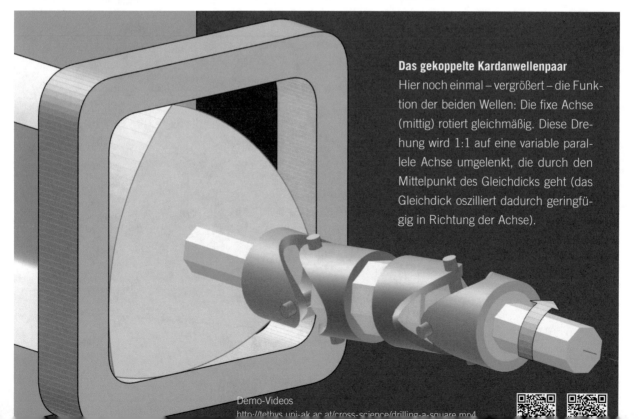

Das gekoppelte Kardanwellenpaar

Hier noch einmal – vergrößert – die Funktion der beiden Wellen: Die fixe Achse (mittig) rotiert gleichmäßig. Diese Drehung wird 1:1 auf eine variable parallele Achse umgelenkt, die durch den Mittelpunkt des Gleichdicks geht (das Gleichdick oszilliert dadurch geringfügig in Richtung der Achse).

Demo-Videos
http://tethys.uni-ak.ac.at/cross-science/drilling-a-square.mp4

R6-Mechanismen und Kaleidozyklen

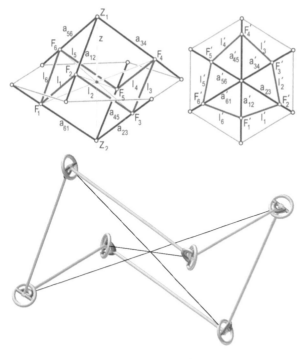

Escher-Kaleidozyklen

Folgendes funktioniert nur unter ganz bestimmten Bedingungen: Man nehme das Netz eines Polyeders, klebe es richtig zusammen und bewege es dann in tausende verschiedene Formen.

Sechs Rotationen (ein „R6-Mechanismus")

Die Konstruktion der berühmten Kaleidozyklen von Maurits Cornelis Escher basiert auf dem so genannten R6-Mechanismus, bei dem zwei Paare von drei sich kreuzenden Stäben, die symmetrisch um eine gemeinsame Drehachse angeordnet sind, ein geschlossenes Polygon bilden. Seine Kanten bestehen aus den gemeinsamen Normalen zu jedem Stangenpaar. Der Name des Mechanismus bezieht sich auf die sechs dabei involvierten Rotationen.

Die Bewegung ist ein „räumlicher Zwanglauf"

Je nachdem, welche Punkte des Mechanismus man festhält, bewegt sich das Gebilde auf genau definierte Art.

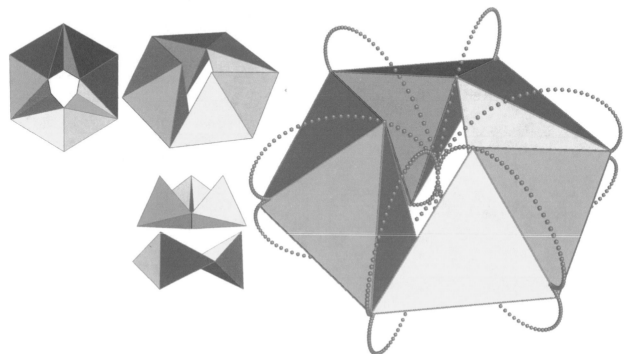

Demo-Videos
http://tethys.uni-ak.ac.at/cross-science/r6-mechanism.mp4
http://tethys.uni-ak.ac.at/cross-science/r6-mechanism2.mp4
http://tethys.uni-ak.ac.at/cross-science/caleidocycle1.mp4

Tetraederketten

Die Kaleidozyklen sind bei genauerem Hinsehen Ketten aus speziellen kongruenten Tetraedern.

Stülpt man ein Kaleidoskop so um, dass sich die Bahnkurven der Eckpunkte in Meridianebenen befinden, erhält man ein Ergebnis wie in den Bildern unten auf der linken Seite bzw. rechts auf dieser Seite.

Kanten festhalten?

Die blaue Serie rechts unten illustriert, dass man auch einzelne Tetraederkanten festhalten kann. Die Tetraederkette bewegt sich dann relativ gesehen anders – die Zwischenpositionen werden in dem Fall an anderer Position im Raum eingenommen.

Zwischenlagen

Werden die Kantenlängen der kongruenten Bausteine wie im Beispiel der blauen Kette gewählt, erhält man dabei bemerkenswerte Zwischenlagen. So schließt sich die Kette im konkreten Fall zweimal und einmal passt sie in einen Würfel. Die Umstülpung wird nach Paul Schatz „Würfelgürtel" genannt.

Demo-Videos und Webseite
http://tethys.uni-ak.ac.at/cross-science/inverse-r6.mp4
http://tethys.uni-ak.ac.at/cross-science/caleidocycle2.mp4

Rollen und wenden: Das Oloid

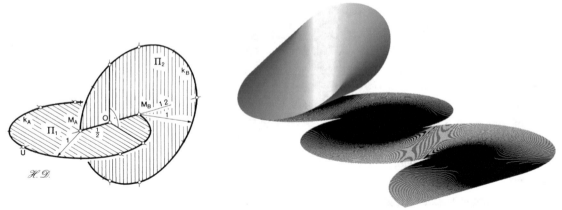

Rollen von zwei Bierdeckeln

Folgendes Experiment funktioniert sehr gut: Man nehme zwei gleich große kreisförmige Bierdeckel, versehe einen mit einem Schlitz und stecke die Deckel so – senkrecht – ineinander, dass für beide der Mittelpunkt des einen Deckels auf dem anderen Kreisrand liegt (Bild oben links). Unser Gebilde lässt sich auf einer Tischplatte gut in Schwung versetzen und bewegt sich dann im Prinzip geradlinig, aber dennoch nahezu belustigend „eiernd".

Das Hüllgebilde ist abwickelbar und wird Oloid genannt

In jeder Lage berühren die beiden Kreise die Tischplatte an je einem Punkt. Die Verbindungsgerade der beiden Punkte liegt dann ganz in der Tischebene. Die Gesamtheit aller Verbindungsgeraden bildet eine abwickelbare (einfach gekrümmte) Fläche mit zwei scharfen kreisförmigen Kanten. Man kann entlang der Fläche ein „begleitendes Dreibein" (erste Bilderserie unten) wandern lassen, wobei eine Achse in jedem Punkt einer Erzeugenden Flächennormale ist, und die beiden anderen Achsen die Tangentialebene der Fläche längs der gesamten Erzeugenden aufspannen.

Alle Erzeugenden-Strecken sind gleich lang

Es lässt sich nachweisen, dass die Strecke von Kreis zu Kreis eine konstante Länge hat, was es erlaubt, diese Strecke fest und das Oloid darunter „eiern" zu lassen (zweite Bilderserie unten).

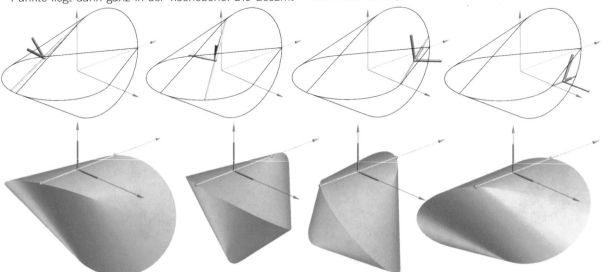

Demo-Videos und Literatur
https://www.heldermann-verlag.de/jgg/jgg01_05/jgg0113.pdf
http://tethys.uni-ak.ac.at/cross-science/rolling-oloid.mp4

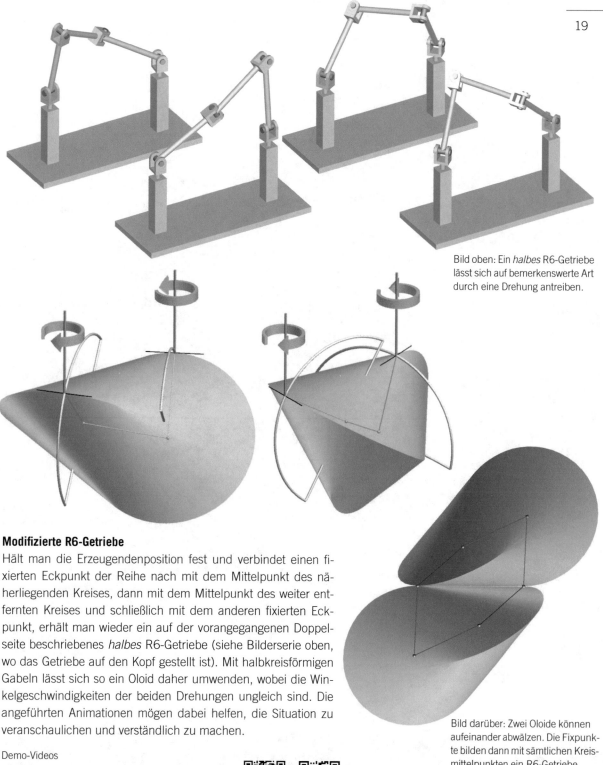

Bild oben: Ein *halbes* R6-Getriebe lässt sich auf bemerkenswerte Art durch eine Drehung antreiben.

Modifizierte R6-Getriebe

Hält man die Erzeugendenposition fest und verbindet einen fixierten Eckpunkt der Reihe nach mit dem Mittelpunkt des näherliegenden Kreises, dann mit dem Mittelpunkt des weiter entfernten Kreises und schließlich mit dem anderen fixierten Eckpunkt, erhält man wieder ein auf der vorangegangenen Doppelseite beschriebenes *halbes* R6-Getriebe (siehe Bilderserie oben, wo das Getriebe auf den Kopf gestellt ist). Mit halbkreisförmigen Gabeln lässt sich so ein Oloid daher umwenden, wobei die Winkelgeschwindigkeiten der beiden Drehungen ungleich sind. Die angeführten Animationen mögen dabei helfen, die Situation zu veranschaulichen und verständlich zu machen.

Bild darüber: Zwei Oloide können aufeinander abwälzen. Die Fixpunkte bilden dann mit sämtlichen Kreismittelpunkten ein R6-Getriebe.

Demo-Videos
http://tethys.uni-ak.ac.at/cross-science/oloid-motion.mp4
http://tethys.uni-ak.ac.at/cross-science/oloid.mp4

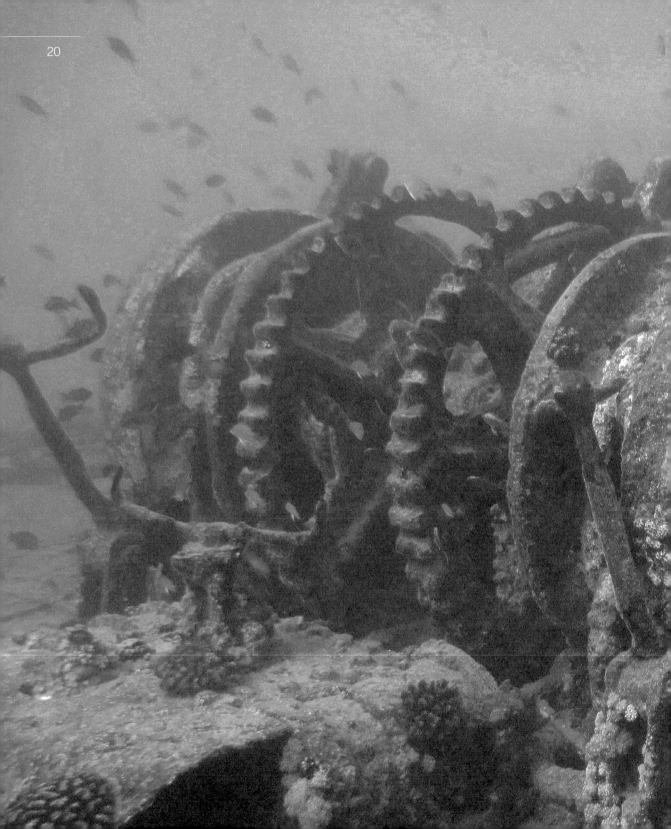

Zahnräder:
Präzise und robust

Andere bewährte Umlenkungen

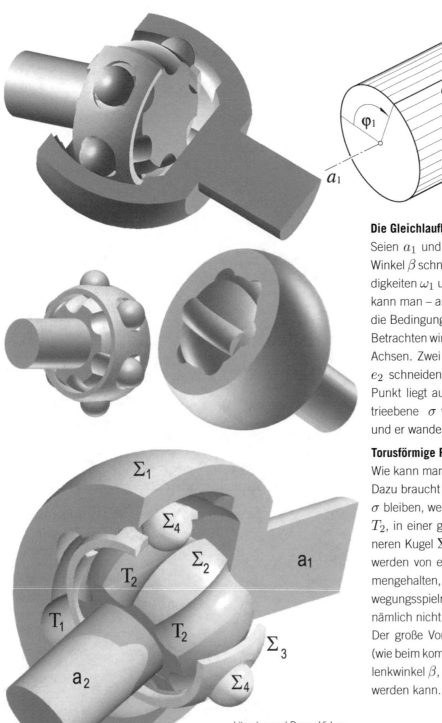

Die Gleichlaufbedingung

Seien a_1 und a_2 zwei Achsen, die sich unter dem Winkel β schneiden und die mit den Winkelgeschwindigkeiten ω_1 und ω_2 rotieren (Bild oben rechts). Wie kann man – außer mit kombinierten Kardanwellen – die Bedingung $\omega_1 = \omega_2$ ($\Rightarrow \varphi_1 = \varphi_2$) erreichen? Betrachten wir zwei gleich dicke Drehzylinder um die Achsen. Zwei entsprechende Erzeugenden e_1 und e_2 schneiden einander in einem Punkt S. Dieser Punkt liegt aus Symmetriegründen in der Symmetrieebene σ von a_1 und a_2, der Gleichlaufebene, und er wandert folglich auf einer Ellipse.

Torusförmige Rillen und ein Kugelkäfig

Wie kann man erreichen, dass S immer in σ bleibt? Dazu braucht man bewegliche Kugeln, die immer in σ bleiben, weil sie längs torusförmige Rillen T_1 und T_2, in einer größeren Kugel Σ_1 und auf einer kleineren Kugel Σ_2 „auf Distanz gehalten" werden. Sie werden von einem (gelben) Kugelkäfig Σ_3 zusammengehalten, der den Kugeln einen gewissen Bewegungsspielraum lässt. Die Kugelmitten Σ_4 laufen nämlich nicht gleichförmig auf einem Kreis in σ.

Der große Vorteil dieses Gleichlaufkugelgelenks ist (wie beim kombinierten Kardangelenk), dass der Umlenkwinkel β, in jedem Augenblick beliebig geändert werden kann.

Literatur und Demo-Videos
https://www.geometrie.tuwien.ac.at/stachel/087_Gleichlauf.pdf
http://tethys.uni-ak.ac.at/cross-science/spherical-joint.mp4

Zahnräder als Alternative

Wenn der Winkel zwischen den beiden schneidenden Drehachsen in einer Anwendung konstant ist, sind Zahnräder eine gute Alternative, weil sie sehr robust sind und gleichzeitige proportionale Winkelgeschwindigkeiten erlauben.

Im Foto links sieht man, wie eine Drehung um eine Achse in eine Achse in eine gleichförmige zweite Drehung mit unterschiedlicher Umdrehungszahl übertragen wird. In der Computeranimation unten (siehe Video) ist die Übertragung $1 : 1$.

Variation des Übersetzungsverhältnisses über die Zähnezahl

Auf S. 28 wird besprochen, wie man die Öffnungswinkel der Kegel ändern muss, um (nahezu) beliebige Übersetzungsverhältnisse zu erreichen (die Einschränkung hat mit der Anzahl der Zähne auf den Rädern zu tun).

Demo-Video
http://tethys.uni-ak.ac.at/cross-science/spherical-gears.mp4

Klassische Zahnräder

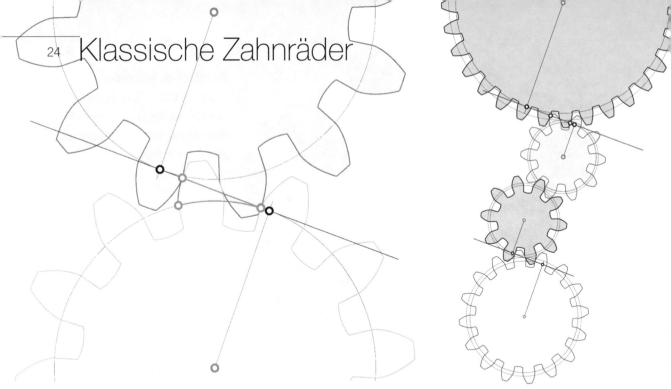

Evolventenzahnräder

Die Technik der Zahnräder ist seit anderthalb Jahrhunderten ausgereift, und es macht wenig Sinn, „das Rad neu zu erfinden". Obwohl es mehrere Arten von Zahnrädern gibt, ist das Evolventenzahnrad das bekannteste. Es kann vielseitig eingesetzt werden und überträgt Drehungen zuverlässig und genau von einer Achse auf eine parallele Achse. Das Übersetzungsverhältnis kann weitgehend frei gewählt werden.

Die Eingriffslinie

Ohne größere Belastung kann man sich zwei Kreise (ohne Zahnflanken) denken, die aufeinander rollen, ohne zu gleiten. Der jeweilige Berührpunkt heißt Wälzpunkt.

Versieht man die Kreise nun mit Zahnflanken, dann ist die Eingriffslinie der geometrische Ort aller während des Zahneingriffs vorkommenden Berührpunkte. In jedem Eingriffspunkt muss die Normale auf die Flankenlinie durch den Wälzpunkt gehen. Man kann theoretisch eine Flanke vorgeben, wodurch sich automatisch das Profil der anderen Flanke ergibt. Bei den Evolventenzahnrädern sind beide Flankentypen gleichwertig, nämlich sog. Kreisevolventen. Dadurch kann man ganze Serien von Zahnrädern mit gegebener Zahnhöhe und Zähneanzahl produzieren, die perfekt – bei konstantem Eingriffswinkel – ineinander greifen. Bei den Animationsvideos sind auch sogenannte Zykloidenräder zu sehen (kein konstanter Winkel).

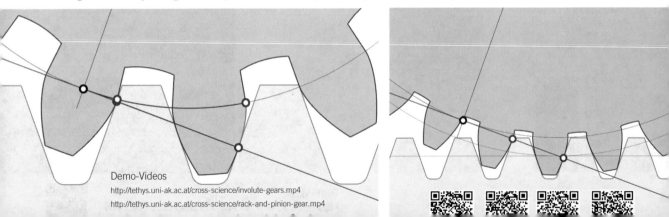

Demo-Videos
http://tethys.uni-ak.ac.at/cross-science/involute-gears.mp4
http://tethys.uni-ak.ac.at/cross-science/rack-and-pinion-gear.mp4

Von Uhrwerken und Planetengetrieben

Ein scheinbares Durcheinander von Zahnrädern …

… findet man in jeder analogen Armband- oder Pendeluhr (oben links und rechte Seite). Immer wieder geht es darum, einen konstanten Antrieb auf unterschiedliche Weise umzuwandeln, um die verschiedenen Winkelgeschwindigkeiten der Uhrzeiger zu erzeugen.

Planetengetriebe …

… haben viele Anwendungen in der Technik, wie z. B. in Getrieben, Seilwinden und Fahrrad-Nabenschaltungen. Eine Variation des Prinzips ist ebenfalls bemerkenswert (Bilder rechts): Wenn die (blauen) Achsen der Planetenräder fixiert sind, dann dreht sich das äußere Zahnrad deutlich langsamer als die Antriebswelle.

Demo-Videos
http://tethys.uni-ak.ac.at/cross-science/clockwork.mp4
http://tethys.uni-ak.ac.at/cross-science/clockwork2.mp4
http://tethys.uni-ak.ac.at/cross-science/planetary-gears1.mp4

Sphärische Radlinien

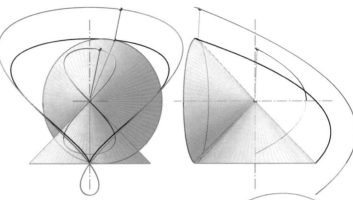

Relativbewegung

Bei konischen Zahnrädern drehen sich – bezogen auf den Betrachter im festen System – beide Kegel um ihre Achse. Bezogen auf einer der beiden Kegel (hier: auf den roten) rotiert der andere Kegel (hier: der grüne) sowohl um seine Achse als auch – proportional dazu – um die Achse des festen Kegels. Dabei bewegen sich Punkte, die mit dem bewegten Kegel verbunden sind, auf Kugeln um den Schnittpunkt der beiden Achsen. Die Punktbahnen heißen dementsprechend sphärische Radlinien. Sie sind Verallgemeinerungen der Radlinien in der Ebene, und nicht selten erscheinen sie in speziellen Projektionen als solche (die drei Bilder rechts und oben zeigen solche speziellen Ansichten).

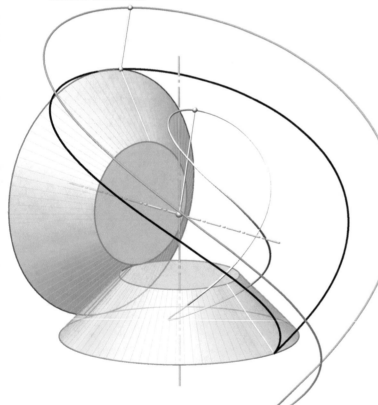

Zwei Parameter

Wenn beide Kegel mit einer Kugel um den Achsenschnittpunkt begrenzt werden, kann man die Radien ihrer Basiskreise in Beziehung zueinander setzen. Wenn jetzt der bewegte grüne Kreis k-mal auf dem festen roten Kreis rollen muss, um an die Ausgangsposition zurückzukehren, kann man sagen: Das Verhältnis der relativen Winkelgeschwindigkeiten um die Kegelachsen ist $1 : k$. Der zweite Parameter ist der Winkel α, den die beiden Achsen miteinander einschließen.

Interessant sind natürlich spezielle Werte für k und α. Für das Beispiel auf dieser Seite ist der einfachste Fall $k = 1$ und $\alpha = 90°$ illustriert (oben sind Grundriss, Aufriss und Kreuzriss zu sehen). Speziell die graue Punktbahn ist interessant: Es handelt sich um die bekannte Viviani-Kurve, die im Grundriss als Kreis, im Aufriss als Parabel und im Kreuzriss als Achterschleife (Lemniskate) erscheint.

Demo-Videos

http://tethys.uni-ak.ac.at/cross-science/cones-rolling1.mp4
http://tethys.uni-ak.ac.at/cross-science/viviani.mp4

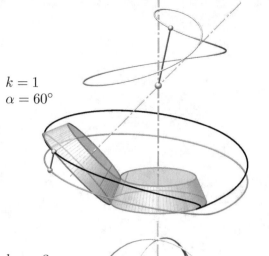

$k = 1$
$\alpha = 60°$

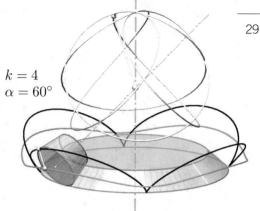

$k = 4$
$\alpha = 60°$

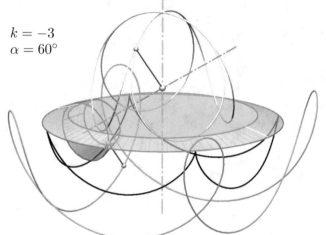

$k = -3$
$\alpha = 60°$

$k = -3$
$\alpha = 60°$ (Grundriss)

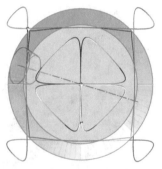

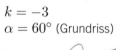

$k = -0.5$
$\alpha = 60°$

Ebene rollt auf Kegel

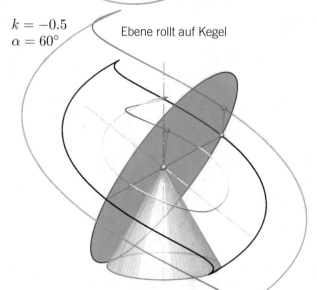

$k = -2$
$\alpha = 60°$

Kegel rollt auf Ebene

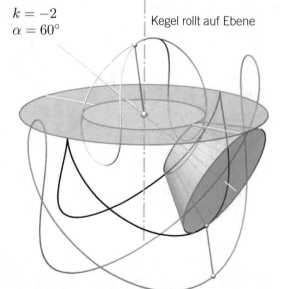

Demo-Videos

http://tethys.uni-ak.ac.at/cross-science/cones-rolling2.mp4
http://tethys.uni-ak.ac.at/cross-science/cones-rolling3.mp4
http://tethys.uni-ak.ac.at/cross-science/cones-rolling4.mp4

Muster und Fraktale: Simulation der Natur

Parkette auf Basis von Sechsecken

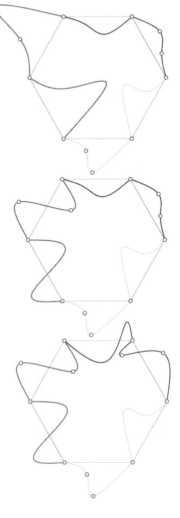

Parkettierung mit regelmäßigen Sechsecken

Die Ebene kann nahtlos mit regelmäßigen Sechsecken „verfliest" werden. Dabei kann man jede Fliese um ein beliebiges Vielfaches von 60° drehen.

Jetzt kommt der Trick:

Verformen wir nun jede zweite Seite des Sechsecks in eine beliebige Kurve (z.B. blau, grün und gelb wie in den Abbildungen). Anschließend spiegeln wir die drei Kurven am Mittelpunkt des Sechsecks (in der Abbildung: hellblau gestrichelte Kurve) und drehen sie dann um 60° um den Mittelpunkt (die Farben bleiben in den Abbildungen gleich). Wir fügen sozusagen dazu oder nehmen weg, was wir jeweils vorher weggenommen oder dazugefügt haben. Der neue Baustein kann nun reproduziert und die Teile können wie ein Puzzle zusammengefügt werden.

Die Idee ist so genial wie einfach ...

... und kann auch mit Quadraten oder Rhomben durchgeführt werden (Abbildung rechts unten). Viele der Ideen von M. C. Escher basieren auf dieser Methode.

Demo-Video
http://tethys.uni-ak.ac.at/cross-science/escher-tiles.mp4

Parkette mit semi-regulären Fünfecken

Reguläre und semi-reguläre Fünfecke

Ein semi-reguläres Fünfeck entsteht, wenn wir wie im linken Bild einen Rhombus aus einem regelmäßigen Fünfeck herausschneiden. Mit diesem neuen Element baut Hans Walser verschiedene Ornamente und Parkette – links ist ein solch relativ einfaches Ornament abgebildet, unterhalb sind drei bereits weniger triviale Anordungen zu sehen, die ausschließlich aus lauter semiregulären Fünfecken bestehen.

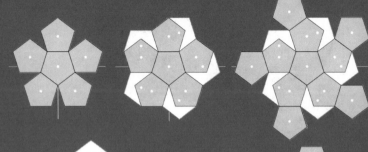

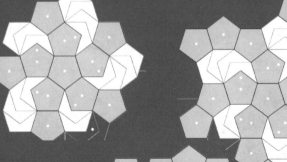

Eine komplizierte Anordnung

Walser hat aber gezeigt, dass es noch viel komplizierter geht. In der Serie links ist ansatzweise zu sehen, wie man aus einem Grundmuster, das aus regelmäßigen Fünfecken besteht, Schritt für Schritt das Muster konzentrisch aufbaut. Das seitenfüllende Muster auf der rechten Seite ist ein rechteckiger Ausschnitt, bei dem 1500 Elemente aneinandergereiht wurden.

Demo-Video und Theorie

http://tethys.uni-ak.ac.at/cross-science/walser-tiling.mp4

Hans Walser **Semi-Regular Figures Between Beauty and Regularity.** *In: C. Michelsen, A. Beckmann,*
V. Freiman, and U.T. Jankvist (ed.), Mathematics as a Bridge Between the Disciplines, 29–38 (2018)
https://pure.au.dk/ws/files/137592156/MACAS_2017_Proceedings_Lindenskov_seven_keys.pdf

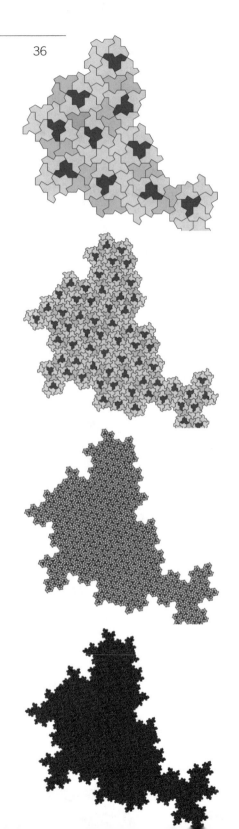

Die Einstein-Kachel

Ein einziger Prototyp, mit dem ein aperiodisches Muster entsteht!

Auf den vorangegangenen beiden Doppelseiten hatten wir es mit periodischen Mustern bzw. aperiodischen Mustern zu tun. Das Walser-Parkett besteht aus nur zwei Kachel-Typen: Regulären und semi-regulären Fünfecken. Im Jahr 2022 gelang ein Durchbruch, bei dem man mit einem einzigen Prototyp auskam. Die Nachricht erregte in der Presse großes Interesse.

Der Name „Einstein-Kachel" …

… kann wörtlich interpretiert werden: Ein Stein (ein Kacheltyp) reicht aus! Das zu beweisen, erforderte einiges an mathematischem Know-How. Es ließ sich zeigen, dass die Muster in vier Clustertypen passen (Bild rechts unten), die aperiodisch angeordnet werden können. Indem man die Cluster zusammensetzt, ergeben sich immer größere Strukturen der gleichen Form. In der Bilderserie links sieht man immer größer werdende Hierarchien, die – um sie noch abbilden zu können – laufend verkleinert werden.

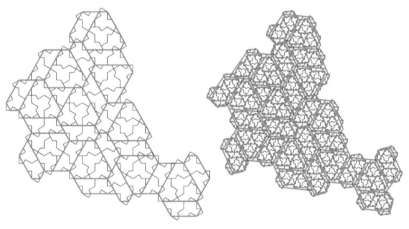

Beim rekursiven Programmieren des Musters kommt man bald auf sehr viele Bausteine. Verkleinert man das Bild immer mehr, ergibt sich eine fraktalartige Struktur (s. S. 38f.). Die Autoren Myers, Kaplan und Goodman-Strauss konnten zeigen, dass die 13-seitige Einstein-Kachel aus lauter gleichseitigen Dreiecken zusammengesetzt ist. Damit entdeckten sie eine ganze Familie von aperiodischen „Polydiamanten-Parkettierungen".

Theorie und Demo-Videos

https://www.spektrum.de/news/hobby-mathematiker-findet-lang-ersehnte-einstein-kachel/2124963

https://static.spektrum.de/fm/976/animation.7828920.gif

D. Smith, J. S. Myers, C.S. Kaplan, C. Goodman-Strauss

An aperiodic monotile. *Preprint (2023)*

https://arxiv.org/pdf/2303.10798.pdf

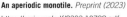

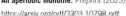

Apfelmännchen und Julia-Mengen

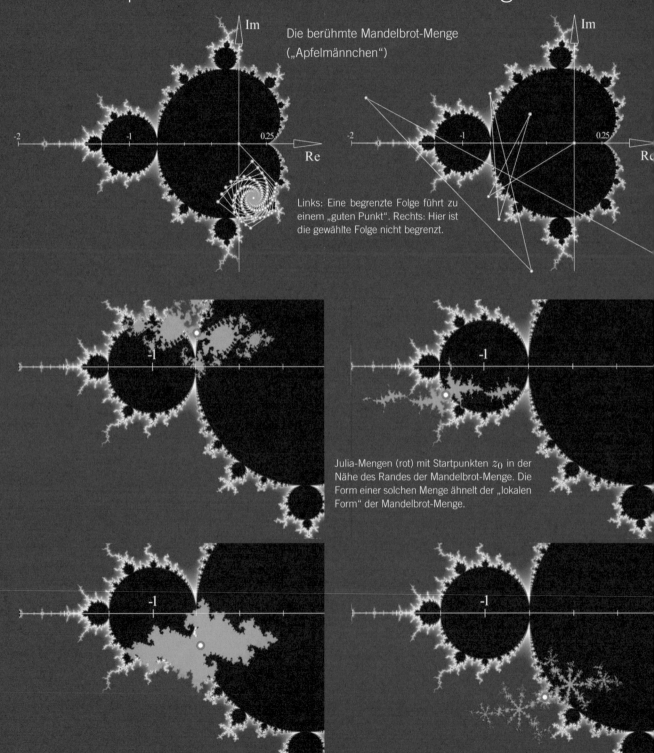

Die berühmte Mandelbrot-Menge
(„Apfelmännchen")

Links: Eine begrenzte Folge führt zu
einem „guten Punkt". Rechts: Hier ist
die gewählte Folge nicht begrenzt.

Julia-Mengen (rot) mit Startpunkten z_0 in der
Nähe des Randes der Mandelbrot-Menge. Die
Form einer solchen Menge ähnelt der „lokalen
Form" der Mandelbrot-Menge.

Die Mandelbrot-Menge („Apfelmännchen")

Erst in den 1980er Jahren erreichten Fraktale mit den beeindruckenden Bildern von Benoît Mandeldrot ihren heutigen Bekanntheitsgrad. Die ersten grafikfähigen Computer ermöglichten die ästhetisch faszinierende Visualisierung von bis dahin unbekannten fraktalen Welten.

Wir betrachten die komplexe Funktion $f(z) = z^2 + c$ und definieren dann eine Folge von komplexen Zahlen $z_0, z_1, z_2, \ldots$ wie folgt:

$$z_0 = 0$$
$$z_1 = f(z_0) = c$$
$$\vdots$$
$$z_{n+1} = f(z_n) = z_n^2 + c.$$

Wenn die Folge z_n begrenzt bleibt (Bild linke Seite, links oben), dann gilt die Zahl c als „gut" und wir markieren sie mit einem schwarzen oder blauen Punkt in der Gaußschen Ebene. Man kann sagen, dass die Mandelbrot-Menge die Menge aller Zahlen c ist, für die die Rekursion $z_{n+1} = z_n^2 + c$ begrenzt bleibt wenn man $z_0 = 0$ wählt.

Julia-Mengen

Julia-Mengen (benannt nach Gaston Julia, der das Verhalten dieser Mengen Jahrzehnte vor dem Computerzeitalter untersuchte) können mit der gleichen rekursiven Formel wie die Mandelbrot-Menge erstellt werden. Anstatt jedoch $z_0 = 0$ zu wählen, kann z_0 ein beliebiger Punkt in der Gaußschen Ebene sein. Nun werden nicht wie bei der Mandelbrot-Menge alle komplexe Zahlen dazugenommen, für die die Rekursion begrenzt bleibt, sondern die Menge der Iterationen z_n. Wählt man zum Beispiel einen Punkt z_0 entlang der Grenze der Mandelbrot-Menge, so ändert sich die Form der entsprechenden Menge rasch.

Die Bilder rechts zeigen Momentanaufnahmen eines Sonnwendfeuers, bei denen die fraktale Natur der Flammen gut zur Geltung kommen. Die Aufnahmen erinnern an die – rein theoretisch gewonnenen – Julia-Mengen auf der linken Seite.

Demo-Video

http://tethys.uni-ak.ac.at/cross-science/mandelbrot.mp4

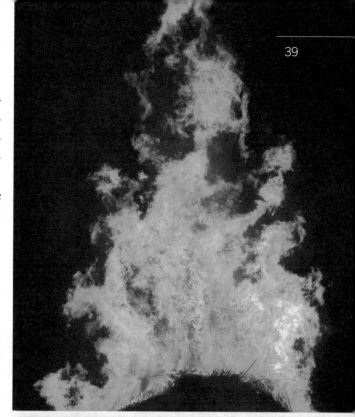

Ein Blick in Barnsleys Herbarium

Zunächst braucht man vier lineare Transformationen

Man nehme einen Punkt mit den Koordinaten $(x,\ y)$ und wende auf ihn eine lineare Transformation an:

$$f(x,y) = \begin{bmatrix} a\ b \\ c\ d \end{bmatrix} \begin{bmatrix} x \\ y \end{bmatrix} + \begin{bmatrix} e \\ f \end{bmatrix}$$

Die Matrix-Operation liefert die Koordinaten eines neuen Punktes. Nun wähle man „geeignet" vier solche Operationen und wende nach dem Zufallsprinzip immer wieder eine dieser vier Operationen an. Damit ergeben sich immer wieder neue Punkte der Ebene.

Was anfangs wie eine Spielerei aussieht, verdichtet sich (im wahrsten Sinne des Wortes) bald zu einer vielfach verzweigten Struktur, die – je nach Vorgabe der Koeffizienten – oft an pflanzliche Strukturen wie etwa Farne erinnert.

Selbstähnliche mathematisch generierte Muster

Bemerkenswerterweise ist das Ergebnis ein Fraktal, das stark an Pflanzenstrukturen erinnert. Tatsächlich findet man in der Natur solche Variationen von einer Verkleinerungsstufe auf die nächste; keine zwei dieser Verkleinerungen sind genau gleich. Allerdings hört das fraktale Prinzip in der Natur oft schon bei der zweiten Verkleinerungsstufe auf (Foto oben rechts). Dann werden dort z. B. beim Farn die Sporen der Pflanze angebracht. Insgesamt wird dadurch eine optimale Verteilung der Sporen erreicht.

Das angeführte Video zeigt, wie man durch Variation der Koeffizienten der Matrix mit dem Computer blitzschnell neue – meist organisch wirkende – Strukturen erzeugen kann. Mit der mitgelieferten Software kann man natürlich auch selbst „herumspielen".

Demo-Video
http://tethys.uni-ak.ac.at/cross-science/barnsley-fern.mp4

Wie wächst ein Farn?

Die Abstände zwischen den Verzweigungspunkten bilden in etwa eine arithmetische Folge: Jeder Abstand entsteht aus dem vorherigen durch Addition einer Konstante. Dadurch wird nach einer gewissen Anzahl von Punkten der Abstand Null.

Beim Abrollen bzw. Aufrollen wird Schritt für Schritt an jedem Verzweigungspunkt um einen gleichen Winkel verdreht. Die dabei entstehende Wickelkurve ist annähernd eine Klothoide.

So nahe wie möglich an der Natur

Die Computersimulation berücksichtigt so viel wie möglich dessen, was man beim Farnwachstum beobachten kann. Generell nimmt die Größe linear zu. Das fraktale Verhalten wird – wie in der Natur – nach der zweiten Stufe abgebrochen. Jeder abzweigende Minifarn wächst ebenfalls linear und entrollt sich gleichzeitig analog zum Hauptstamm.

Demo-Video

Fraktale Gebilde aus kleinen Kugeln

Eine einfache Bauanleitung

Die folgende Regel gilt sowohl für Kreise in der Ebene als auch für Kugeln im Raum: Man wähle ein zentrales Element (Kreis oder Kugel) und erzeuge auf Zufallsbasis ein weiteres Element in der Ebene bzw. im Raum, das man entlang der Verbindung der Mittelpunkte an das erste Element so heranschiebt, dass sich die Elemente berühren. Dann wiederhole man denselben Vorgang für das zweite Element. Auf diese Weise erhält man Ketten von Kreisen oder Kugeln.

Wurzelartige Gebilde

Um zusammenhängende Stränge zu bekommen, baut man an verschiedenen Stellen Verzweigungen ein, indem man für ein Element zwei Zufallsnachfolger erzeugt. Sollte es zu Überlappungen kommen, ignoriert man das neue Element, bis das eben nicht mehr der Fall ist. Um den so entstehenden organischen Eindruck zu verstärken, lässt man die Elemente exponentiell kleiner werden.

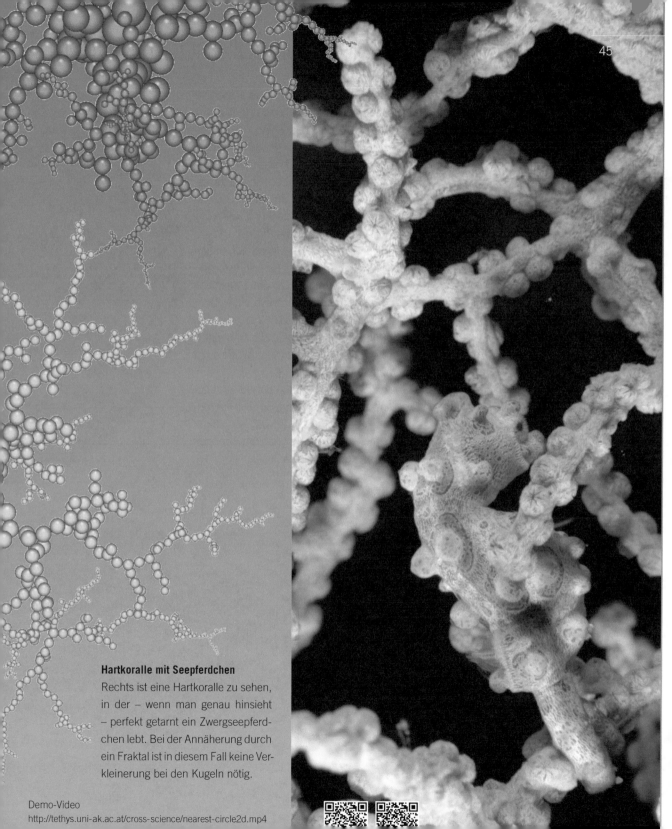

Hartkoralle mit Seepferdchen

Rechts ist eine Hartkoralle zu sehen, in der – wenn man genau hinsieht – perfekt getarnt ein Zwergseepferdchen lebt. Bei der Annäherung durch ein Fraktal ist in diesem Fall keine Verkleinerung bei den Kugeln nötig.

Demo-Video
http://tethys.uni-ak.ac.at/cross-science/nearest-circle2d.mp4

Flächen- und raumfüllende Kurven

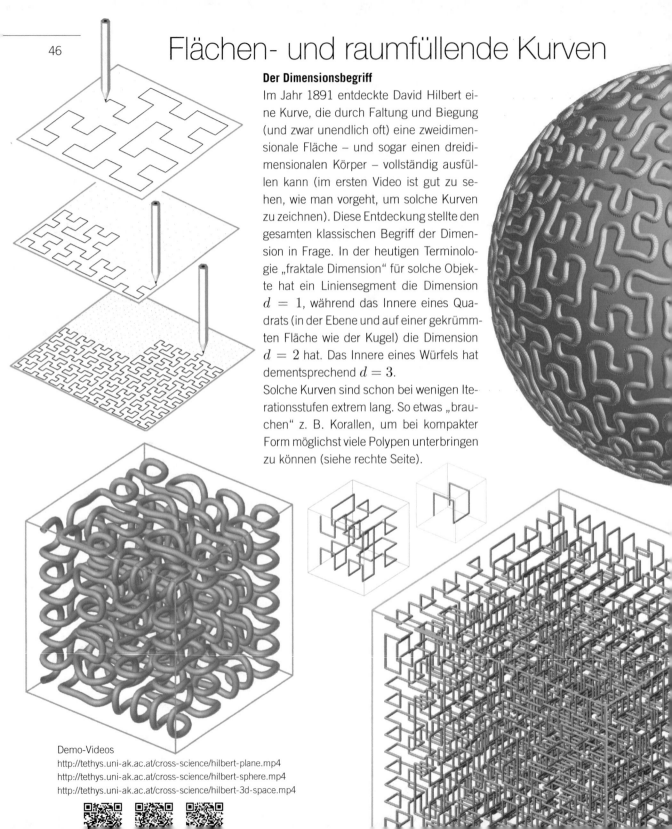

Der Dimensionsbegriff

Im Jahr 1891 entdeckte David Hilbert eine Kurve, die durch Faltung und Biegung (und zwar unendlich oft) eine zweidimensionale Fläche – und sogar einen dreidimensionalen Körper – vollständig ausfüllen kann (im ersten Video ist gut zu sehen, wie man vorgeht, um solche Kurven zu zeichnen). Diese Entdeckung stellte den gesamten klassischen Begriff der Dimension in Frage. In der heutigen Terminologie „fraktale Dimension" für solche Objekte hat ein Liniensegment die Dimension $d = 1$, während das Innere eines Quadrats (in der Ebene und auf einer gekrümmten Fläche wie der Kugel) die Dimension $d = 2$ hat. Das Innere eines Würfels hat dementsprechend $d = 3$.

Solche Kurven sind schon bei wenigen Iterationsstufen extrem lang. So etwas „brauchen" z. B. Korallen, um bei kompakter Form möglichst viele Polypen unterbringen zu können (siehe rechte Seite).

Demo-Videos
http://tethys.uni-ak.ac.at/cross-science/hilbert-plane.mp4
http://tethys.uni-ak.ac.at/cross-science/hilbert-sphere.mp4
http://tethys.uni-ak.ac.at/cross-science/hilbert-3d-space.mp4

Mathematisch erzeugte Fellmuster

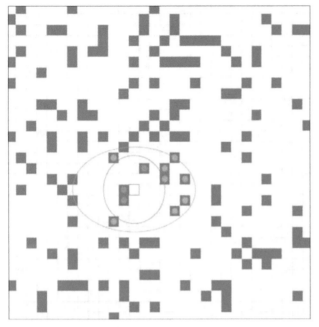

Ein Pixelraster

Wir wählen ein Raster von beispielsweise 100×100 Punkten und malen willkürlich eine Anzahl von Pixeln schwarz („Pixel" steht für Picture-Element, also ein kleines Quadrat im Raster). Jetzt wandern wir unser Raster systematisch, also Pixel für Pixel, ab (im Bild links ist jeweils ein solches Testpixel rot markiert).

Konzentrische Ringe

Um das Testpixel denken wir uns zwei (ellipsen- oder kreisförmige) Ringe, wobei der äußere (orange) in etwa doppelt so groß sein soll wie der innere (grüne).

Ein Abzählvorgang und eine Subtraktion

Nun beginnt ein simpler Zählvorgang: Wir zählen jene schwarzen Pixel, die sich in jener Fläche befinden, die vom inneren und äußeren Ring begrenzt wird (orange markiert, Anzahl n) und jene schwarzen, die im inneren Ring liegen (grün markiert, Anzahl m). Ist nun z. B. $n > 3m$ (oder $n-3m > 0$), wird das Testpixel temporär schwarz. Nachdem man alle Pixel durchgetestet hat, hat sich das Muster verändert.

Rasche Konvergenz des Musters

Wiederholt man den Vorgang, entsteht ein neues Bild, aber siehe da: Das Muster nähert sich rasch einem endgültigen Aussehen, das schon nach 5 bis 10 Iterationen erkennbar wird. Die Gewichtung (Multiplikation) mit dem Faktor 3 kommt daher, dass es maximal etwa dreimal so viele orange Pixel („Inhibitoren") wie grüne Pixel („Aktivatoren") geben kann. Überwiegen die gewichteten Aktivatoren, wird das Testpixel schwarz.

Die zufällige Wahl der Ausgangspunke ist kaum relevant

Die vier computergenerierten „Zebra-Muster", die auf der linken Seite zu sehen sind, entstanden auf die beschriebene Art. Über die Form der Muster entscheiden überraschenderweise nicht Anzahl oder Position der Ausgangspunkte, sondern vielmehr die Gestalt der beiden Ringe (um Zebra-Muster zu erhalten, wählt man zwei Ellipsen so wie in der Skizze oben links: die Hauptachsen sind um $90°$ verdreht).

Im unteren Foto auf der linken Seite sieht man eine Zebramutter mit Baby. Vergleicht man die Muster am Kopf, erkennt man aufgrund der nahen Verwandtschaft starke Ähnlichkeiten. Vergleichbare Muster findet man nicht nur bei Tierfellen oder Tierhäuten (Tiger, Tigerhai), sondern auch bei Sandrippen im Flachwasser (Bild rechts).

Elliptische oder kreisförmige Ringe?

Wird der Bereich von zwei konzentrischen Kreisen gebildet, gibt es für das entstehende Muster keine ausgezeichnete Richtung mehr. Die Bilder konvergieren dann gegen unregelmäßig verteilte Flecken, die an Fellmuster von Geparden oder Leoparden erinnern (Foto unten links). Eine entsprechende Auswahl der Parameter ist auf den Bildern rechts unten zu erkennen. Die Größe der konzentrischen Ringe und deren Gewichtung w beim Bilden der Differenz sind recht heikel und entscheiden über die Anzahl der dunklen Flecken.

$I4 - w * 46 = -4.4000$

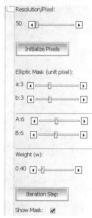

Demo-Videos
http://tethys.uni-ak.ac.at/cross-science/zebra.mp4
http://tethys.uni-ak.ac.at/cross-science/leopard.mp4

Seltsame Winkel:
Spiralen?

. Glaeser und F. Gruber, *Geometrie, Physik und Biologie erleben*,
tps://doi.org/10.1007/978-3-662-67724-7_4

Spiralen?

Wer lange genug eine Sonnenblume (Bild oben) oder ein Gänseblümchen von oben ansieht (Bild links), entdeckt unweigerlich Spiralen im Muster. Es sind sogar zwei gegensinnige Scharen von Spiralen zu erkennen. Durch Abzählen findet man heraus, dass die Anzahl der Spiralen einer Schar immer sogenannte Fibonacci-Zahlen sind (mehr darüber auf der nächsten Seite). Mit dieser berühmten Zahlenfolge ist der *goldene Winkel*, sowie exponentielles Wachstum, eng verknüpft.

Kennen denn Sonnenblumen oder Gänseblümchen den goldenen Winkel und wachsen – im Gegensatz zu den meisten Pflanzen – exponentiell?

Punkte auf virtuellen Spiralen

Auf der nächsten Doppelseite werden wir auf ein Prinzip eingehen, das hier vereinfacht dargestellt wird: Man wähle ein Zentrum und in der Nähe einen Ausgangspunkt. Dann kopiere man den Punkt und drehe die Kopie um den goldenen Winkel um das Zentrum, wobei man den Abstand exponentiell vergrößert. Der Vorgang wird beliebig oft wiederholt (erstes Video). Dadurch liegen die einzelnen Punkte auf sog. logarithmischen Spiralen.

Die Fibonacci-Zahlen

Die Abstände vergrößern sich bei dem Prozess einigermaßen genau im Verhältnis $1 : 2 : 3 : 5 : 8$ usw. Diese Zahlenfolge ist ebenfalls berühmt: Es ist die Fibonacci-Folge, bei der jede neue Zahl entsteht, indem man die letzte und vorletzte Zahl miteinander addiert (z.B. $3 + 2 = 5$ und $5 + 3 = 8$).

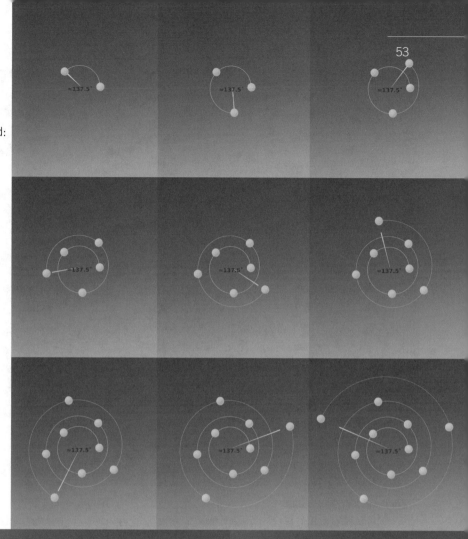

Im zweiten Video sieht man, wie man – ausgehend vom ersten Punkt – in die Gegenrichtung starten kann, wobei man anstatt des Verdrehungswinkels den um $360°$ ergänzenden Winkel verwendet.

Demo-Videos
http://tothus.uni-ak.ac.at/cross_science/phylletavis.mp4

Ein genetisch vorgegebener Winkel?

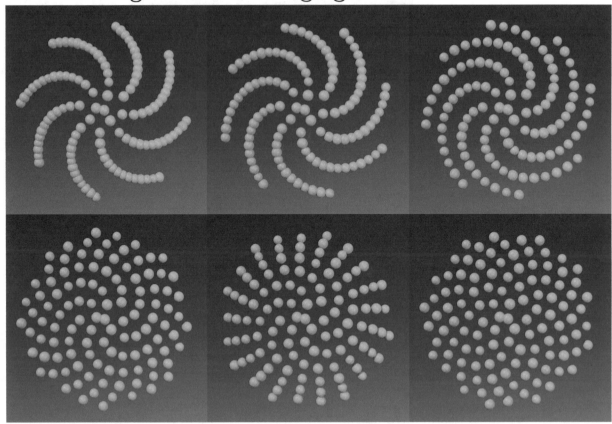

Ein optimaler Drehwinkel

Vom Gänseblümchen bis zur meterhohen Sonnenblume schwirrt somit indirekt ein *goldener Winkel* γ herum, der mit der *goldenen Zahl* $\Phi = (1 + \sqrt{5})/2$ zusammenhängt: $\gamma = (\Phi - 1) \cdot 360° \approx 137,5°$.

Diesen „braucht" die Blüte, um möglichst viele Samenkörner auf einer kreisförmigen Fläche unterbringen zu können.

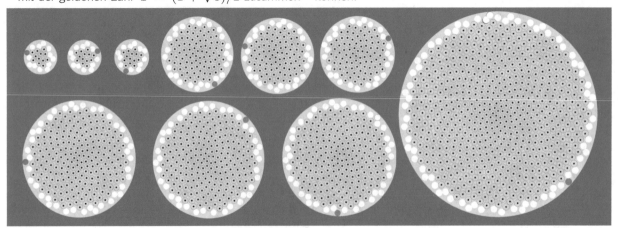

Demo-Videos

http://tethys.uni-ak.ac.at/cross-science/spiral-worse.mp4
http://tethys.uni-ak.ac.at/cross-science/spiral-best.mp4

Ein einfaches Computermodell

Auf der linken Seite wurde folgendes Modell verwendet: Man startet knapp neben dem Zentrum des Kreises mit einem ersten Samen und setzt in der Folge jeden weiteren Samen, indem man um den goldenen Winkel dreht und „ein Stückchen" hinauswandert. Indem man den Abstandsparameter ein bisschen kalibriert, kommt man dadurch auf Bilder, die verblüffend an Sonnenblumen erinnern. Man möchte nun meinen, ob jedesmal um $137,5°$ gedreht wird oder z. B. ein oder zwei Grad weniger, sollte keine große Rolle spielen. Dem ist aber keineswegs so, wie die Bilderserie auf der linken Seite oben zeigt: Dort wurde tatsächlich nur um ein bis maximal zwei Grad weniger verdreht.

Pflanzen haben den Winkel durch Evolution gefunden

Eine Sonnenblume vermehrt sich über ihre Samen. Diese werden meist von Vögeln herausgepickt und dadurch verbreitet, dass diese gelegentlich ein paar Körner verlieren. Eines ist klar: Je mehr Körner, desto größer die Wahrscheinlichkeit, sich auf lange Sicht als Art durchsetzen zu können.

Denken wir uns eine Pflanzenart (eine Vorgängerin der heutigen Sonnenblume), die im Laufe der Evolution folgende Wachstumsstrategie eingeschlagen hat (weil sie sich als Vorteil erwiesen hat): „Platziere deine Samenkörner so, dass du zunächst in Zentrumsnähe ein Korn erzeugst und jedes weitere Korn so anordnest, indem du die Richtung genügend weit verdrehst und auch ein bisschen vom Zentrum wegrückst, um den verfügbaren Platz ideal auszunutzen."

Gänseblümchen verteilen im Gegensatz zu Sonnenblumen die Samen auf gekrümmten Flächen (kugel- oder kegelförmig). Beide Pflanzen entwickeln ihre Samenstände oft verdeckt, weil dabei ihre Blütenblätter geschlossen sind.

Demo-Video
http://tethys.uni-ak.ac.at/cross-science/plant-opening.mp4

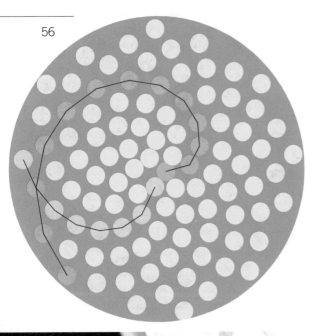

Optische Täuschung

Die sichtbaren Spiralen sind eine optische Täuschung

Beim Algorithmus zur Erzeugung neuer Einzelblüten wird keineswegs Samen für Samen entlang einer Spirale gesetzt, sondern es kommen immer wieder neue Samen am Rand dazu, und zwar mit einem dazu addierten goldenen Winkel. Bei optimaler Packung entstehen dabei optische Täuschungen, nämlich zwei Serien von Spiralen – einmal im Uhrzeigersinn und einmal dagegen. Die Spiralen haben dabei in Zentrumsnähe immer wieder Knickstellen.

Die Täuschung kann unterschiedlich stark sein

Im großen Bild unten kann man sehen, dass die Täuschung stark von der Form der Blütenknospen abhängt: Sind diese sechseckig verpackt – wie Bienenwaben, aber nach außen hin größer werdend, verschwindet die Täuschung. Deltoidförmig verpackte Blütenknospen jedoch verstärken die optische Täuschung, und die besagten Spiralen sind dominant.

Im Detail keine Spiralen mehr

Bei Detailaufnahmen wie im Bild rechts sind die Spiralen nicht mehr auszumachen. Hier erkennt man: Es geht um eine möglichst enge Packung, um so vielen Samen wie möglich Platz zu machen. Die aufgeplatzte Einzelblüte rechts ist nur einen Millimeter groß, erinnert aber durchaus an die hundertmal größeren Blütenkelche von Lilien.

Enge Packungen

Auf dem Foto unten rechts hat der Basiskörper, auf dem die Samen angeordnet sind, annähernd die Form eines Drehellipsoids. Die Samen werden auf der Oberfläche nach einem vergleichbaren Prinzip verteilt wie in der Ebene, was man durch Computersimulationen zeigen kann. Letztlich wird in der Natur aber gedehnt und gequetscht, bis das zur Verfügung stehende Volumen optimal ausgenützt ist. Vergrößert man die in der Simulation verwendeten Kügelchen, entstehen Bilder wie links unten, die durchaus realistisch aussehen. Immer wieder hat man dabei vermeintliche Spiralen im Visier.

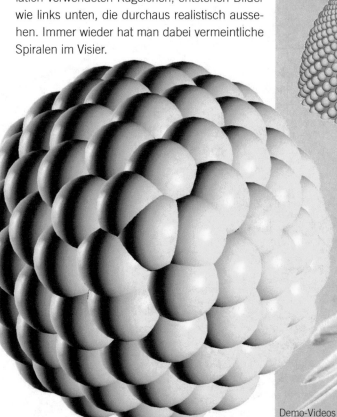

Demo-Videos
http://tethys.uni-ak.ac.at/cross-science/phyllo-ellipsoid.mp4

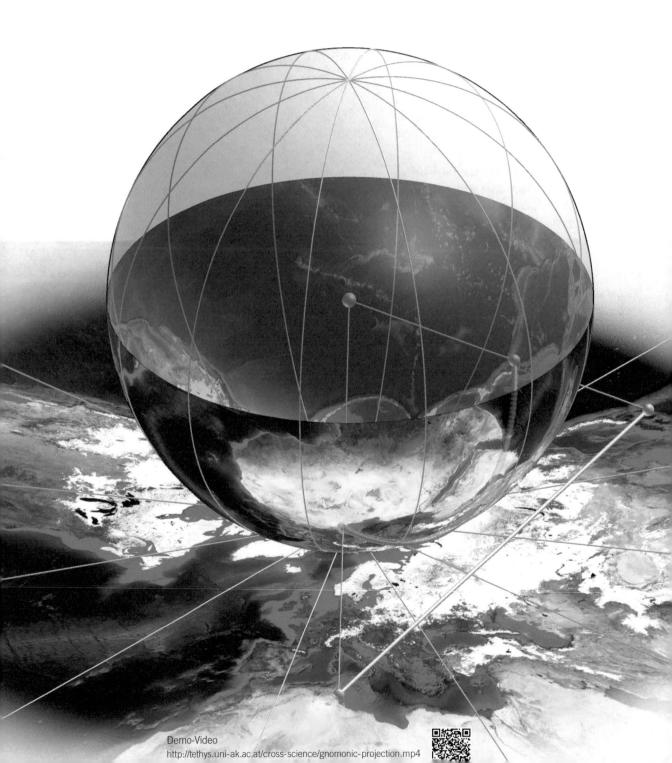

Demo-Video
http://tethys.uni-ak.ac.at/cross-science/gnomonic-projection.mp4

Projektionen: Notwendig und praktisch

Demo-Video
http://tethys.uni-ak.ac.at/cross-science/spiral-stereographic.mp4

Plattkarte - Pro und Kontra

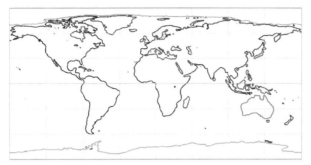

Standard-Darstellung der Erdoberfläche

In sehr vielen Fällen wird die Oberfläche der Erde als Rechteck in einem kartesischen (λ, φ)-Koordinatensystem dargestellt (λ ist dabei die geografische Länge, φ die geografische Breite). Die Längenkreise bzw. Breitenkreise erscheinen dann geradlinig. Der Nullmeridian geht aus historischen Gründen durch Greenwich bei London. Das erscheint zunächst sinnvoll, kann man doch Punkte auf der Erdoberfläche ganz leicht einzeichnen bzw. auch finden.

Zerreißen von Kontinenten

An den Kartenrändern $\lambda = -90°$ und $\lambda = +90°$ „zerreißen" die Kontinente, was bei der Standardkarte nicht auffällt, weil sich dort keine Kontinente befinden (rechte Seite links oben). Wählt man aber den Nullmeridian nicht durch Greenwich sondern z.B. durch Neuseeland, zerreißen Europa und Afrika (rechte Seite links unten).

Extreme Verzerrungen

Was fast noch schlimmer ist: Die Karte verzerrt umso extremer, je weiter man vom Äquator ($\varphi = 0$) entfernt ist. So erscheint Grönland mit seinen gut 2 Mio. km^2 viel zu groß (und breit) im Vergleich zu Afrika (die Fläche Afrikas ist nämlich sage und schreibe 14-mal größer). Der Extremfall ist an den Polen erreicht, wo der entsprechende Breitenkreis ja den Radius Null hat, auf der Karte aber ganz von links nach rechts geht, wodurch man annehmen könnte, er sei so lang wie der Äquator (40 000 km). Dadurch erscheinen die Eisflächen am Nord- und Südpol nahezu skurril verzerrt.

Ein Vergleich der Antarktis und Australiens

Auf der klassischen Plattkarte kann man offenbar die beiden Kontinente (in den Bildern orange bzw. grün eingefärbt) überhaupt nicht vergleichen. Man könnte aber z. B. die Breitenkreis-Differenzen der Karte auf Australien beziehen, wobei die Antarktis allerdings u. U. zerreißt (rechte Seite, rechts oben). Am besten, man legt den Koordinatenursprung irgendwo zwischen die beiden Kontinente (rechte Seite, rechts unten) und minimiert dadurch die Verzerrungen. Und, siehe da, man sieht, wie unglaublich gut die beiden Kontinente zusammenpassen – schließlich waren sie ja vor ca. 80 Millionen Jahren eine Einheit. Auf der „klassischen" Plattkarte sieht man den vergleichbaren Effekt zwischen Afrika und Südamerika relativ gut, weil beide Kontinente recht gut zentriert sind.

Satellitenbahnen über der Erdoberfläche

Die beiden obigen Bilder (NASA) zeigen Satellitenbahnen im Raum (Kreise um den Erdmittelpunkt) und deren Projektionen in die Plattkarte – dort erscheinen die Kurven als „phasenverschobene wellenförmige Kurven" (keine Sinuskurven!). Die Phasenverschiebung Δ entsteht, weil sich die Erde nach den knapp 90 Minuten Umlaufzeit um etwa $22°$ um ihre Achse gedreht hat.

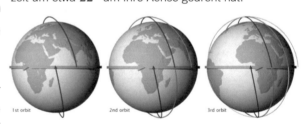

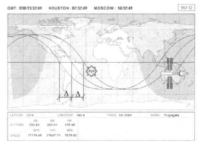

Satelliten-Video (NASA)
https://earthobservatory.nasa.gov/ContentFeature/OrbitsCatalog/images/sun-synchronous_orbit.h264.mov

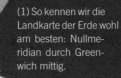

(1) So kennen wir die Landkarte der Erde wohl am besten: Nullmeridian durch Greenwich mittig.

(3) Schon sehr verwirrend: Die Erdachse ist gekippt. Man beachte Australien und die Antarktis.

(2) Wenn der Nullmeridian nicht durch Greenwich geht, kommt es zu einer „Phasenverschiebung".

(4) Hier sind Australien und Antarktis im Bildzentrum. Man sieht: Die Kontinente passen zueinander!

Demo-Video
http://tethys.uni-ak.ac.at/cross-science/plattkarte.mp4

Thermohaline Zirkulation

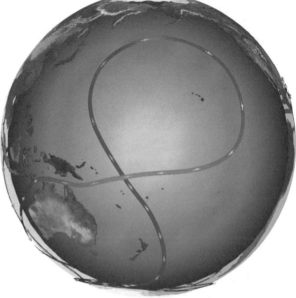

Zwanzig Millionen Kubikmeter Salzwasser pro Sekunde

Diese enorme Menge (das ist etwas mehr als die Hälfte des vorhandenen Süßwassers) fließt pro Sekunde in zumeist großer Tiefe mit einer Geschwindigkeit von 1 bis 3 km pro Tag in Schlingen mehrmals rund um den Erdball. An gewissen Orten, z.B. im Golf von Mexiko, „verfängt sich" dieser Strom, erwärmt sich und steigt auf, um relativ rasch an der Oberfläche in polare Gegenden zu gelangen (Golfstrom!). Dort kühlt der Strom stark ab und

sinkt wie ein riesiger Wasserfall ab. Dabei schafft er geschätzte 600 km pro Jahr und braucht für einen vollen Umlauf 200 Jahre.

Der Stom umrundet die Antarktis mehrfach. Verwenden wir jetzt eine Plattkarte wie in vielen Publikationen, „zerreißt" das Band wie im Bild unten rechts. So kann man sich kaum etwas vorstellen – da hilft nur eine Projektion aus dem Nordpol oder eine „Ansicht von unten" (Bild unten links).

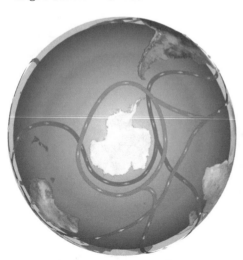

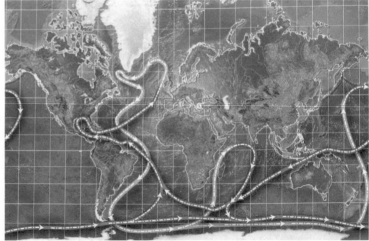

Demo-Videos
http://tethys.uni-ak.ac.at/cross-science/gulfstream.mp4

Möglichst viele Bilder ...

... sind notwendig, um danach sagen zu können, man habe die komplizierten Schlaufen mit ihren vermeintlichen Überschneidungen verstanden. Dazu ist es hilfreich, die tiefen Kaltwasseranteile des Bands blau einzufärben, während die oberflächennahen warmen Anteile rot markiert werden. Idealerweise hat man 3D-Animationen zur Verfügung.

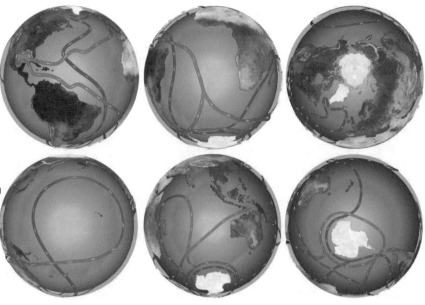

Warum drehen die Strömungen?

Durch die Erdrotation tritt zusätzlich eine Scheinkraft (die Corioliskraft) auf: Eine Strömung – sei es Luft oder Wasser – die von Norden nach Süden drängt, wird auf der Nordhalbkugel nach Westen abgelenkt (weil sie nicht genug Rotationsenergie mit sich führt, um mit der Erddrehung mitzuhalten). Geht die Strömung von Süden nach Norden, überholt sie die Erddrehung und geht nach Nordosten (wie z. B. der Golfstrom). Auf der Südhalbkugel sind die Verhältnisse entsprechend umgekehrt.

Die Bilder rechts zeigen die Entstehung eines Wirbelsturms: Ein Tiefdruckgebiet saugt Luft von Norden und Süden an. Dabei entsteht der Wirbel um das „Auge des Hurrikans". Auf der nördlichen Halbkugel drehen die Stürme gegen den Uhrzeigersinn, auf der südlichen im Uhrzeigersinn.

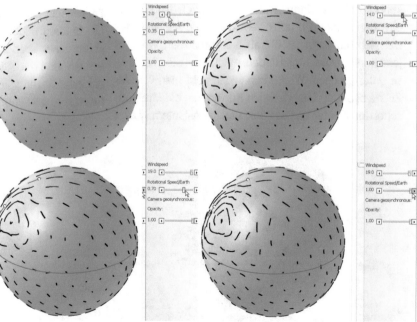

Demo-Video
http://tethys.uni-ak.ac.at/cross-science/coriolis.mp4

Die kreistreue stereografische Projektion

Projektion aus einem Kugelpunkt

Wenn man aus einem Punkt einer Kugel auf eine Ebene senkrecht zum Berührradius projiziert, lässt sich beweisen, dass diese Projektion „kreistreu" ist: Kreise, die sich auf der Kugel befinden, sind auch im Bild kreisförmig (Ausnahme sind Kreise, die durch das Projektionszentrum gehen: Sie bilden sich als Geraden ab).

Zusätzlich gilt die Winkeltreue

Eine zweite Eigenschaft der Projektion ist die „Winkeltreue": Wenn sich zwei Kurven auf der Kugel unter Winkel α schneiden, dann schneiden sich auch die entsprechenden Bildkurven unter dem Winkel α. Als typisches Beispiel dafür kann das Bild auf Seite 59 dienen: Will man jene Kurve auf der Kugel finden, welche alle Meridiankreise unter gleichem Winkel schneidet, geht man von der Ebene aus. Dort befinden sich Kurven, die ein Strahlbüschel durch einen festen Punkt unter konstantem Winkel schneiden, die sog. logarithmischen Spiralen. Projiziert man eine solche Spirale stereografisch auf die Kugel, ist die Aufgabe gelöst.

Ein schöner Zusammenhang mit der Inversion am Kreis

Die unteren Bilder illustrieren den Zusammenhang zwischen einer ebenen konformen Transformation, der Inversion, und der Situation auf der Kugel. Urbild und Bild der Inversion entsprechen Figuren, die bezüglich des Äquators der Kugel symmetrisch sind.

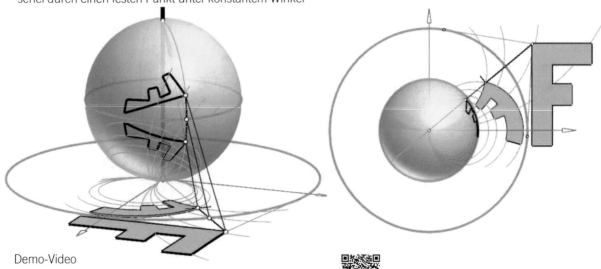

Demo-Video

http://tetbus.uni.ak.ac.at/cross.science/stereographic.projection.inversion.mp4

Projektion aus dem Antipodenpunkt

Jeder Punkt auf der Erdoberfläche hat „seinen" Gegenpol. Projiziert man von diesem Antipodenpunkt eines Punktes auf die Tangentialebene des ersten Punktes, erhält man eine stereografische Projektion, die den Vorteil hat, dass die Winkel der sich schneidenden Kurven auf der Kugel im projizierten Bild erhalten bleiben (das ist z. B. in der Schiff- und Luftfahrt wichtig). Außerdem wird das Netz der Breiten- und Längenkreise auf ein kreisförmiges Netz abgebildet. Der einfachste Fall ist, aus dem Nord- oder Südpol auf die Tangentialebene im gegenüberliegenden Pol zu projizieren (Bild oben rechts). Das große Bild unten zeigt den allgemeinen Fall.

Demo-Video
http://tethys.uni-ak.ac.at/cross-science/stereographic-antipode.mp4

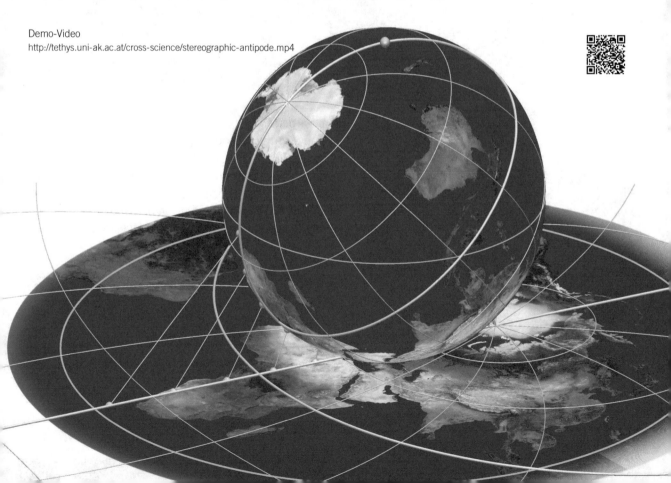

Die Kugel rollt …

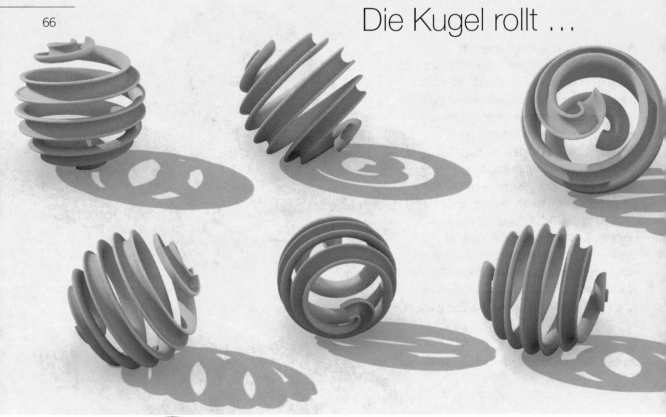

Normalerweise …

…kann eine (homogene) Kugel auf einer horizontalen Ebene in jede Richtung rollen. Das hängt damit zusammen, dass die potentielle Energie in jeder Position gleich ist. Wenn die Kugel wie in der Bilderserie oben Rillen aufweist, die eine exakt definierte Rollung vorgeben, kommt die Differentialgeometrie zum Einsatz: Jetzt werden Bogenlängen und Winkel übertragen.

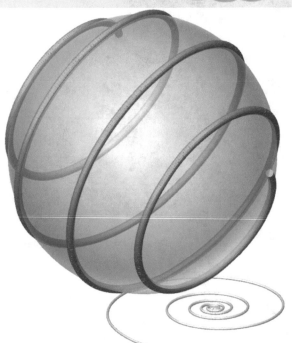

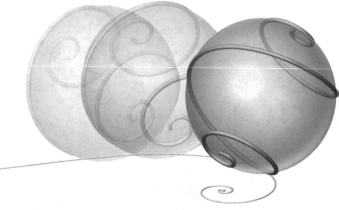

Demo-Videos
http://tethys.uni-ak.ac.at/cross-science/rolling-spiral2.mp4

Abdruckspuren

Im konkreten Fall wurde auf der linken Seite eine Kugelloxodrome angenommen, die die Meridiankreise unter konstantem Winkel schneidet. Die exakt berechnete Abdruckspur ähnelt zumeist logarithmischen Spiralen. Für ihre exakte Berechnung braucht man wegen der Bogenlängen bestimmte Integrale.

Der Skarabäus (Pillendreher) …

… will den Dung, von dem die aus seinen Eiern geschlüpften Raupen leben werden, möglichst schnell (am besten geradlinig) aus der Gefahrenzone bringen. Dazu rollt er erstaunlich genau den Dung zu Kugeln, die größer als er

selbst sind. Auch wenn die Rollung immer wieder durch Hindernisse unterbrochen wird, kann er im Wesentlichen die Richtung beibehalten, indem er sich an der Sonne orientiert.

Auch beim Abflug fällt auf, …

dass sich das Tier statistisch signifikant an der Sonne orientiert (was an dem symmetrischen Schatten erkennbar ist). Siehe dazu auch das angegebene Video, wo der Käfer letztendlich Kurs Richtung Sonne nimmt. Schon möglich, dass sowohl das Rollen der Kugel in Sonnenrichtung als auch der Abflug in Richtung Sonne dem Tier im alten Ägypten Kultstatus eingebracht hat.

Demo-Videos
http://tethys.uni-ak.ac.at/cross-science/scarab-rolling.mp4
http://tethys.uni-ak.ac.at/cross-science/scarab-rolling2.mp4

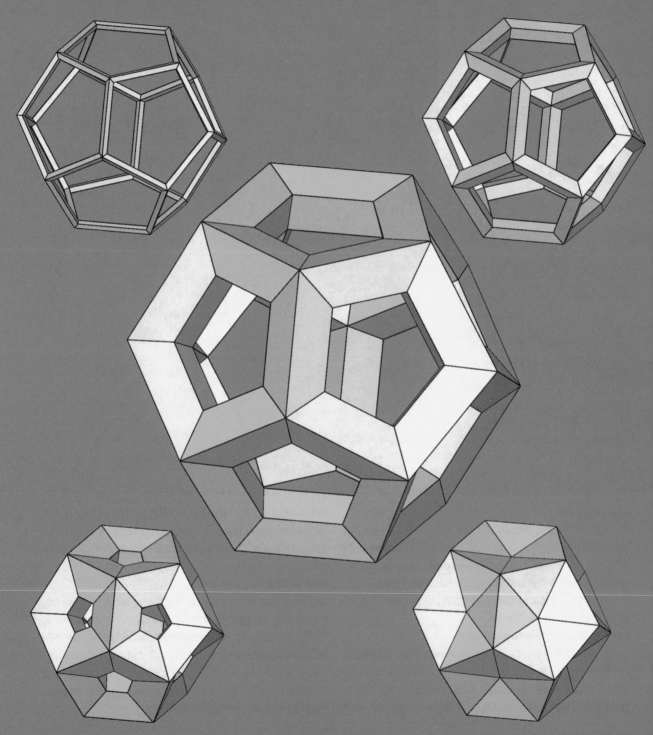

Polyeder:
Bausteine!

Demo-Video
http://tethys.uni-ak.ac.at/cross-science/cubic-puzzle.mp4

Neue Objekte durch Dualisieren

Spezielle Polyeder und konzentrische Kugeln

Polyeder haben Eckpunkte, Kanten und Seitenflächen. Spezielle Polyeder sind oft mit konzentrischen Kugeln verknüpft (Inkugeln oder Umkugeln). Es liegt daher nahe, eine spezielle geometrische Transformation auf sie anzuwenden: sie an so einer Kugel zu „polarisieren". Das Ergebnis ist, wie wir gleich sehen werden, ein „duales Polyeder", das leicht zu bestimmen ist.

Der Polarisationsvorgang

Bei der Transformation entsprechen die Eckpunkte des Polyeders den Trägerebenen der Seitenflächen des dualen Polyeders und umgekehrt. Den Kanten des einen entsprechen die Kanten des anderen Polyeders. Die Transformationsvorschrift zur Polarisierung an einer Kugel (Zentrum M Radius r) lautet:

Die Ebene π, die einem Punkt P entspricht, steht auf MP senkrecht und hat den Abstand $r^2/\overline{MP}$. Umgekehrt liegt der Punkt P, der einer Ebene π entspricht, auf der Normalen zu π durch M im Abstand $r^2/\overline{M\pi}$. Geraden werden transformiert, indem man zwei Ebenen durch sie polarisiert und die Verbindung der entsprechenden Punkte aufsucht.

Polarisation der archimedischen Körper

Das untere Bild zeigt die Polarisation von acht archimedischen Körpern an einer Kugel um das Zentrum. Sechs (blaue) archimedische Körper gehen in (gelbe) Körper mit kongruenten Dreiecken über, zwei (graue) in Körper mit kongruenten Rhomben (türkise) und die vier braunen archimedischen Körper liefern Polyeder (grüne) mit kongruenten Fünfecken oder Vierecken.

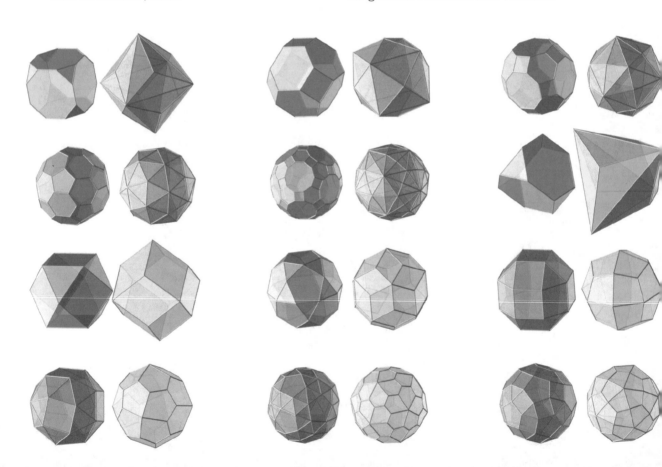

Wieder einmal das Pentagondodekaeder

Betrachten wir nun ein wohlbekanntes Beispiel. Das Dodekaeder hat zwölf regelmäßige Fünfecke und damit $f = 12$ Seitenflächen, $e = 20$ Eckpunkte und $k = 30$ Kanten. Als platonischer Körper hat es sowohl eine In- als auch eine Umkugel, die sich zur Polarisation anbieten. Wir wählen die Inkugel, die das Dodekaeder in zwölf Punkten – den Mittelpunkten der Fünfecke – berührt.

Nach Anwendung der Polarisation gehen die zwölf Seitenflächen in $e^* = f = 12$ Eckpunkte des dualen Körpers über. Der neue Körper hat $f^* = e = 20$ Eckpunkte und $k^* = k = 30$ Kanten. Es handelt sich um das Ikosaeder!

Verdrehen bzw. Skalieren der Fünfecke, Abschneiden der Ecken

Man kann nun herumexperimentieren und kommt durch diverse Operationen des Dodekaeders auf archimedische Körper (sie tragen zwei oder drei Typen von regelmäßigen Polygonen). Bei Dualisierung entstehen daraus bemerkenswerte Körper, die vollständig mit kongruenten Facetten (zumeist 60) bedeckt sind: Deltoide, Rhomben (hier sind es nur 30), allgemeinere Fünfecke, aber auch gleichseitige Dreiecke. Es handelt sich dennoch weder um platonische noch um archimedische, sondern sogenannte Catalanische Körper.

Nicht ganz so perfekt, dennoch bemerkenswert

Die Catalanischen Körper tragen zwar lauter kongruente Polygone, aber die strengen Kriterien, die für Platonische Körper gelten, sind nicht erfüllt. Jedenfalls sind sie alles andere als trivial, und ihre Klassifizierung ist über die Dualität zu vielen archimedischen Körpern hin möglich.

Abschneiden und zuschneiden

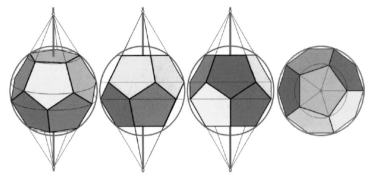

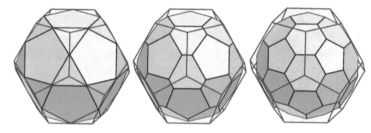

Platonische und archimedische Körper

Die fünf platonischen Körper sind die regelmäßigen Formen von Tetraeder, Hexaeder (Würfel), Oktaeder, Dodekaeder und Ikosaeder. Das Dodekaeder (eigentlich in der korrekten Ansprache Pentagondodekaeder, Bilder oben) liefert schon einiges an Überraschungen. Es ist dual zum Ikosaeder (siehe rechte Seite), und es liefert gleich zwei spezielle Körper, wenn man die Ecken geeignet abschneidet (in den Bildern darunter das linke und das rechte Polyeder): Es handelt sich um archimedische Körper, bei denen zwei Typen von regelmäßigen Polygonen auf der Oberfläche verteilt sind.

Eine erste nichttriviale Raumparkettierung

Versucht man, Pentagondodekaeder zu stapeln, so funktioniert das nicht richtig: Der Raum wird dabei nur lückenhaft ausgefüllt. Schneidet man hingegen das Oktaeder an den Ecken so ab, dass regelmäßige Sechsecke entstehen, kann man solche Körper nahtlos aneinanderfügen, sodass der Raum ohne Lücken „parkettiert" wird (Bild unten). Es gibt – vom Würfel abgesehen – nur zwei solche Körper (den zweiten, das Rhombendodekaeder, finden Sie auf der rechten Seite ganz oben Mitte).

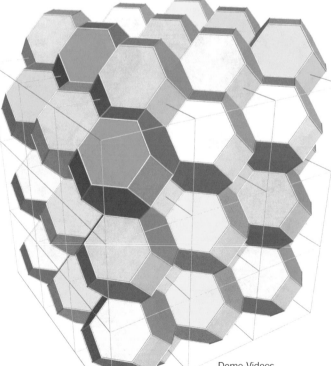

Demo-Videos

http://tethys.uni-ak.ac.at/cross-science/develop-dodeca.mp4
http://tethys.uni-ak.ac.at/cross-science/create-dodecahedron.mp4
http://tethys.uni-ak.ac.at/cross-science/soccerball.mp4

Was man aus einem Würfel machen kann

Man nehme einen Würfel und lasse seine Seitenflächen um stets denselben Winkel α um seine zwölf Kanten rotieren (Bilder links).

Zwischen $\alpha = 45°$ und $\alpha = 148,3°$ erlebt man dabei einige Überraschungen.

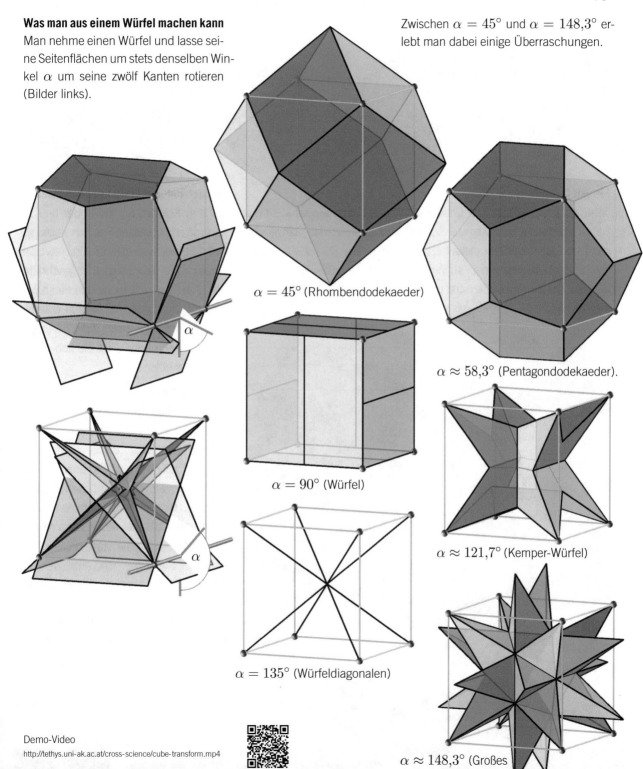

$\alpha = 45°$ (Rhombendodekaeder)

$\alpha \approx 58,3°$ (Pentagondodekaeder).

$\alpha = 90°$ (Würfel)

$\alpha \approx 121,7°$ (Kemper-Würfel)

$\alpha = 135°$ (Würfeldiagonalen)

$\alpha \approx 148,3°$ (Großes

Demo-Video
http://tethys.uni-ak.ac.at/cross-science/cube-transform.mp4

Raumparkette

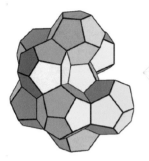

Nur mit Quadern trivial

Wenn wir lauter Würfel oder Quader schlichten, füllen wir natürlich den Raum vollständig aus. Abgesehen davon funktioniert das Ganze aber nicht mit den restlichen platonischen Körpern: Die Kantenwinkel passen nicht genau zusammen, auch nicht beim Dodekaeder, wo es *fast* so aussieht (im Bild links oben sind die Dodekaeder nicht hundertprozentig regelmäßig).

Ein archimedischer Körper eignet sich

Bei den Körpern mit zwei oder drei Typen von regelmäßigen Flächen stellen wir fest: Mit einem einzigen funktioniert das Stapeln: Mit dem speziell abgeschnittenen Oktaeder – mit sechs Quadraten und acht regelmäßigen Sechsecken (zweites Bild von links bzw. erstes Video). Das große Bild unten links zeigt die schichtenweise Parkettierung.

Noch ein Körper ...

findet sich nach längerem Suchen – und die Natur hat ihn auch bei verschiedenen Steinen „entdeckt", insbesondere beim Granat (daher auch oft die Bezeichnung Granatoid statt der sonst üblichen etwas sperrigen Bezeichnung Rhombendodekaeder), siehe die drei Bilder oben rechts. Hier findet sich kein einziger rechter Winkel (alle Eckenwinkel sind entweder $60°$ oder $120°$), sodass man sich oft nur einbildet, sich den Körper vorstellen zu können. Im zweiten Video sieht man eine Rotation von einigen solcher aneinandergefügten Körpern und auch spezielle Ansichten.

Demo-Videos
http://tethys.uni-ak.ac.at/cross-science/truncated-spacefiller.mp4

Ein ergänzendes Paar

Wir haben erwähnt, dass die Winkel beim Dodekaeder kein raumfüllendes Stapeln ermöglichen. Allerdings passen aus dem Dodekaeder abgeleitete Körper exakt dazu, die wie „Ei und Eierbecher" wirken (zweites Bild links oben, erstes Video): Auf S. 34 konnten wir erkennen, dass man mit regulären und semi-regulären Fünfecken die Ebene lückenlos auf verschiedene Arten parkettieren kann. Hans Walser, der das entdeckt hat, beschrieb außerdem, dass man den Raum mit regulären und semi-regulären Dodekaedern lückenlos füllen kann (zweites Video).

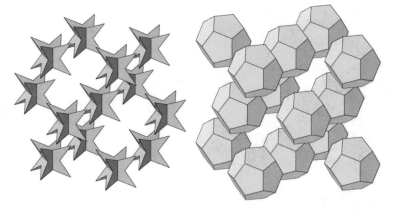

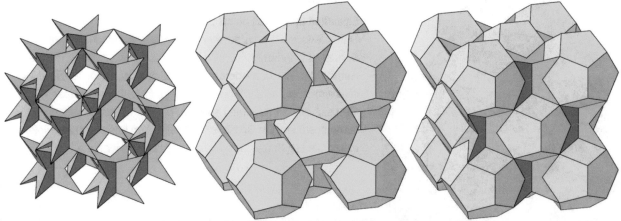

Demo-Videos
http://tethys.uni-ak.ac.at/cross-science/reg-and-semireg-dodecahedron.mp4

Beweglich oder nicht?

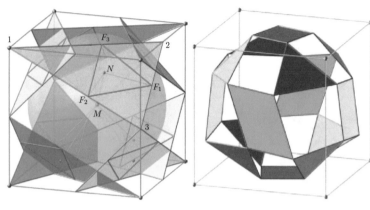

Ein überraschenderweise beweglicher Mechanismus

Man nehme einen Würfel und schneide wie oben Mitte die Ecken ab (man beachte den Umlaufsinn). Es ist nicht schwer zu zeigen, dass jedes so entstandene blaue Dreieck 123 die Inkugel des Würfels in einem Punkt N berührt. Dann fälle man aus N die Lotfußpunkte auf die Dreiecksseiten und betrachte die acht Dreiecke, die sich ergeben.

Nun geht man weiter: Die acht roten Dreiecke definieren zusätzlich zwei Quadrate in der unteren und oberen Fläche des Würfels sowie vier kongruente Parallelogramme (Bild oben rechts). Wir errichten nun Prismen von beliebiger, aber gleicher Höhe über den definierten Polygonen. Wir verbinden die Prismen mit „sphärischen Doppelscharnieren", zum Beispiel wie im Bild oben links kreisbogenförmig.

Eigentlich dürfte sich nichts bewegen

Normalerweise ist ein solcher mehrgliedriger Mechanismus starr, d. h. er hat keinen Freiheitsgrad.

Aufgrund seiner besonderen Abmessungen ist dieser spezielle Mechanismus erstaunlicherweise beweglich („übergeschlossen"). Er lässt sich ohne Probleme bewegen, bis die Kanten der Prismen zusammenstoßen. Die Bildserie links zeigt oben und unten zwei solche extreme Lagen und eine allgemeine Lage in der Mitte.

Demo-Video und Literatur

http://tethys.uni-ak.ac.at/cross-science/truncated-cube.mp4
Otto Röschel **Und sie bewegen sich doch -- neue übergeschlossene Polyedermodelle**
Informationsblätter der Geometrie (IBDG) 1/2002, 37-41 (2002)
http://www.geometrie.tugraz.at/roeschel/preprints/Und_sie_bewegen_sich_doch.pdf

Wie findet man solche über-geschlossenen Mechanismen?

Als möglicher Ausgangspunkt für die Konstruktion einer Serie über-geschlossener Polyedermodelle er-weist sich das Studium der „äquiformen Zwangläufe", die durch Überlagerung einer Drehung und einer Ähnlichkeit gewonnen werden, als sinnvoll.

So wurde der rechts abgebildete „re-duzierte Möbius-Mechanismus" mit-tels solcher Zwangläufe gefunden (die Serie ganz rechts zeigt die Si-tuation im Grundriss). Auch das Mo-dell unten wurde auf diese Weise gefunden.

Demo-Video und Bildergalerie
http://tethys.uni-ak.ac.at/cross-science/red-moebius.mp4
http://www.geometrie.tugraz.at/roeschel/bildgalerie.htm

Skutoide

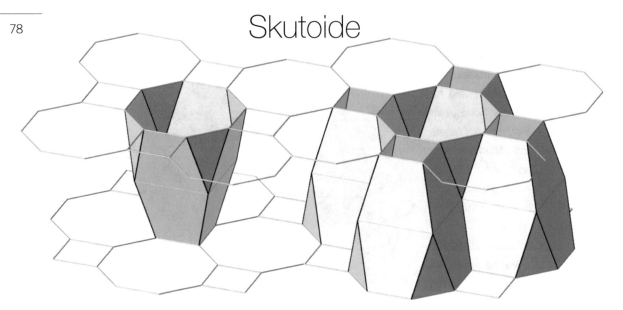

Der Name *Skutoid* …

wurde von den Autoren der unten zitierten Arbeit geprägt, die behaupten, dass „Skutoide eine geometrische Lösung für die dreidimensionale Packung von Epithelien" sind.

Verbinden von Parketten

Man nehme eine Anzahl von regelmäßigen Polygonen in parallelen Ebenen und „verbinde sie" – im Idealfall mit Ebenen (erstes Video), die dann Pyramidenstümpfe oder allgemeine Skutoide bilden.

Verbinden von archimedischen Parketten

Liegen wie in den Bildern auf dieser Seite nur zwei Typen Polygone (hier: Quadrate und regelmäßige Achtecke) vor, die noch dazu ein (archimedisches) Parkett bilden, und verbindet man zwei solche kongruente Parkette, kommt bald eine schöne Konstellation zusammen.

Unten rechts wird die dreidimensionale Szene von oben betrachtet, was wiederum eine interessante Parkettierung zeigt, die diesmal aus Quadraten und unregelmäßigen symmetrischen Sechsecken besteht.

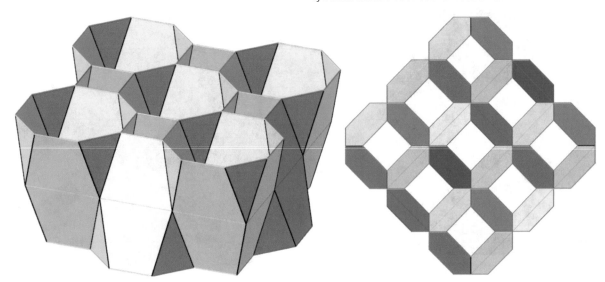

Theorie und Demo-Videos
https://www.nature.com/articles/s41467-018-05376-1.epdf
http://tethys.uni-ak.ac.at/cross-science/scutoid1.mp4

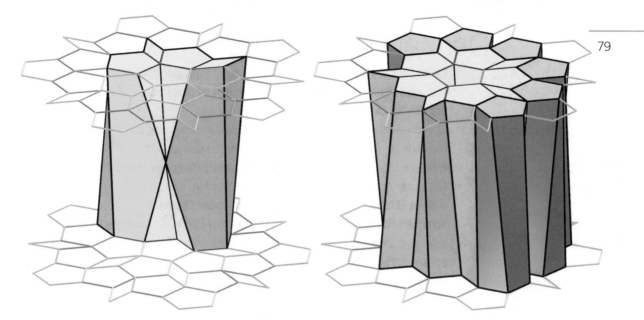

Aperiodische Skutoid-Konstrukte

Die beiden Abbildungen auf dieser Seite zeigen die „Verbindung" zwischen zwei aperiodischen Parketten mit Hilfe von Skutoiden. Laut Definition hat ein Skutoid zwei parallele Begrenzungspolygone, deren Eckpunkte entweder durch eine Y-förmige Verbindung oder eine krumme Fläche verbunden sind. Im Gegensatz zu Prismen, Kegelstümpfen und Prismatoiden hat ein Skutoid mindestens einen Eckpunkt zwischen den beiden parallelen Begrenzungsebenen.

Seitenflächen doppelt gekrümmt

Im konkreten Fall haben die aneinandergrenzenden Skutoide auch Seitenflächen, die nicht eben sind (hyperbolische Paraboloide).

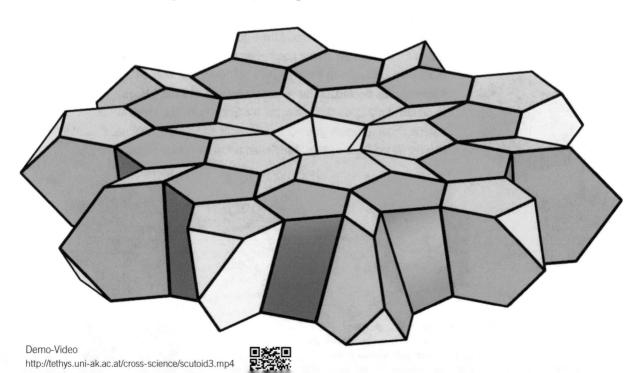

Demo-Video
http://tethys.uni-ak.ac.at/cross-science/scutoid3.mp4

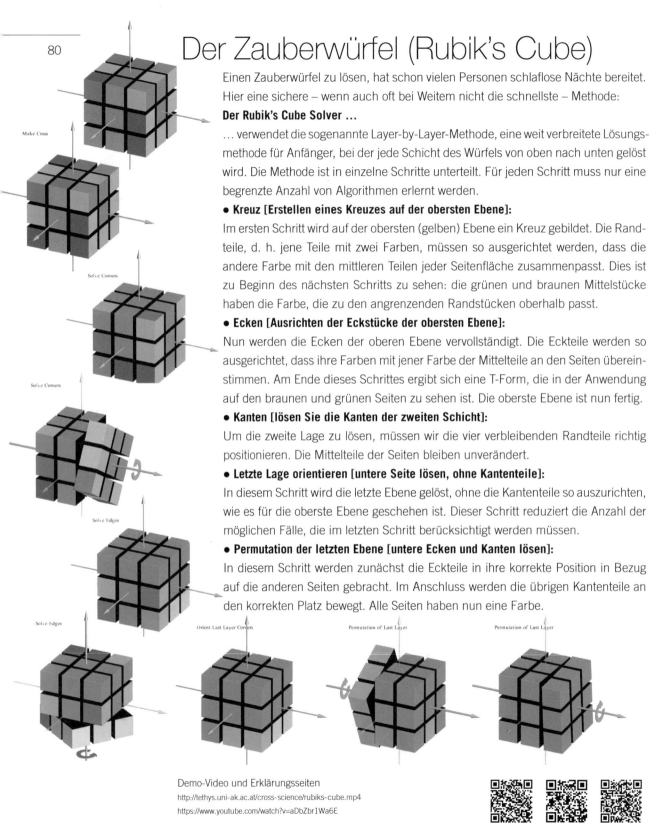

Der Zauberwürfel (Rubik's Cube)

Einen Zauberwürfel zu lösen, hat schon vielen Personen schlaflose Nächte bereitet. Hier eine sichere – wenn auch oft bei Weitem nicht die schnellste – Methode:

Der Rubik's Cube Solver ...

… verwendet die sogenannte Layer-by-Layer-Methode, eine weit verbreitete Lösungsmethode für Anfänger, bei der jede Schicht des Würfels von oben nach unten gelöst wird. Die Methode ist in einzelne Schritte unterteilt. Für jeden Schritt muss nur eine begrenzte Anzahl von Algorithmen erlernt werden.

• Kreuz [Erstellen eines Kreuzes auf der obersten Ebene]:

Im ersten Schritt wird auf der obersten (gelben) Ebene ein Kreuz gebildet. Die Randteile, d. h. jene Teile mit zwei Farben, müssen so ausgerichtet werden, dass die andere Farbe mit den mittleren Teilen jeder Seitenfläche zusammenpasst. Dies ist zu Beginn des nächsten Schritts zu sehen: die grünen und braunen Mittelstücke haben die Farbe, die zu den angrenzenden Randstücken oberhalb passt.

• Ecken [Ausrichten der Eckstücke der obersten Ebene]:

Nun werden die Ecken der oberen Ebene vervollständigt. Die Eckteile werden so ausgerichtet, dass ihre Farben mit jener Farbe der Mittelteile an den Seiten übereinstimmen. Am Ende dieses Schrittes ergibt sich eine T-Form, die in der Anwendung auf den braunen und grünen Seiten zu sehen ist. Die oberste Ebene ist nun fertig.

• Kanten [lösen Sie die Kanten der zweiten Schicht]:

Um die zweite Lage zu lösen, müssen wir die vier verbleibenden Randteile richtig positionieren. Die Mittelteile der Seiten bleiben unverändert.

• Letzte Lage orientieren [untere Seite lösen, ohne Kantenteile]:

In diesem Schritt wird die letzte Ebene gelöst, ohne die Kantenteile so auszurichten, wie es für die oberste Ebene geschehen ist. Dieser Schritt reduziert die Anzahl der möglichen Fälle, die im letzten Schritt berücksichtigt werden müssen.

• Permutation der letzten Ebene [untere Ecken und Kanten lösen]:

In diesem Schritt werden zunächst die Eckteile in ihre korrekte Position in Bezug auf die anderen Seiten gebracht. Im Anschluss werden die übrigen Kantenteile an den korrekten Platz bewegt. Alle Seiten haben nun eine Farbe.

Demo-Video und Erklärungsseiten

http://tethys.uni-ak.ac.at/cross-science/rubiks-cube.mp4

https://www.youtube.com/watch?v=aDbZbr1Wa6E

Die Mega-Sphere von Chuck Hoberman …

… ist ein kugelförmiges Plastikspielzeug das sich
ausdehnt und zusammenzieht, wenn man daran
zieht oder drückt. Das Spielzeug besteht aus sechs
vollständigen Ringen mit Hoberman-Mechanismen
(siehe Literatur unten), die alle miteinander verbunden sind.

Anwendungen in Kunst und Architektur

Mittlerweile gibt es Kunstobjekte und auch – in
viel größerem Stil – bewegliche Architektur, die
auf dem Mechanismus aufbaut (siehe englische
Wikipedia-Seite).

Literatur und Demo-Video

https://www.sciencedirect.com/science/article/pii/S0020768307000923?via\%3Dihub
https://en.wikipedia.org/wiki/Hoberman_mechanism
http://tethys.uni-ak.ac.at/cross-science/hoberman.mp4

Einfach gekrümmt:
Abwickelbar!

Glaeser und F. Gruber, *Geometrie,
ysik und Biologie erleben*,
ps://doi.org/10.1007/978-3-662-67724-7_7

Auf- und abwickeln im allgemeinen Fall

Abdruckspuren als Abwicklung

Auf Seite 18 hatten wir bereits mit dem Oloid ein klassisches Beispiel, wo ein Körper auf einer Ebene gerollt werden konnte, wobei immer eine Berührung längs einer Geraden stattfand (erstes Video). Die Abdruckspur ergab die Abwicklung der Oberfläche. Umgekehrt kann man nun die Abwicklung aus Papier ausschneiden und wieder zusammenrollen. Damit erhält man ganz einfach ein Papiermodell des Oloids.

Manche Materialien sind bis zu einem gewissen Grad verformbar

Die „Wieder-Aufrollung" mit dem Computer führt, wenn man sie nur näherungsweise durchführt, unter Umständen zu geringen Ungenauigkeiten (siehe Bilderserie auf dieser Seite bzw. zweites Video). Die Fläche, die sich ergibt, sollte eigentlich nur geradlinige Umrissanteile haben. In der Praxis kann es aber durchaus sein, dass man, wenn man z. B. dünnes Blech aufwickelt, durchaus leicht gekrümmte Umrissanteile erhält, was auf Metrialstauchungen bzw. -dehnungen zurückzuführen ist.

Demo-Videos

http://tethys.uni-ak.ac.at/cross-science/rolling-oloid.mp4

http://tethys.uni-ak.ac.at/cross-science/unrolling-surf.mp4

Ein Papiermodell des Möbiusbands

Das eindeutig einfachste Beispiel zur Herstellung eines doch relativ kompliziert anmutenden Objekts ist das Verdrehen und anschließende Zusammenkleben eines rechteckigen Papierstreifens. Durch die Steifigkeit des Papiers entsteht ein durchaus formstabiles Band, an dem man die klassische Eigenschaft des Möbiusbands (nämlich, dass es nicht orientierbar ist) gut illustrieren kann.

Demo-videos
http://tethys.uni-ak.ac.at/cross-science/moebius-develop.mp4
http://tethys.uni-ak.ac.at/cross-science/moebius-with-colors.mp4

Wozu das Möbiusband gut sein kann

Das Möbiusband ist nicht orientierbar

Versieht man das Möbiusband mittels einer Textur mit einer „Laufschrift", so wird man den Text einmal normal und einmal „von hinten" (also spiegelverkehrt) sehen.

Melodien vorwärts und rückwärts spielen

Handelt es sich bei der Textur um eine „Krebsfuge" von Johann Sebastian Bach kann man beide Richtungen gleichzeitig spielen. Nach einem einmaligen Umlauf haben sich die Noten umgedreht. Die Melodie passt trotzdem harmonisch zum ersten Durchlauf und kann sogar gleichzeitig gespielt werden.

Demo-Videos
http://tethys.uni-ak.ac.at/cross-science/moebius-bach.mp4

Das Möbiusband ist abwickelbar

Es trägt daher eine Schar von Geraden. Je nachdem, wo man die Geraden abschneidet, erhält man einen Teil der Gesamtfläche.

Wir kennen das Möbiusband klassischerweise als verbogenen relativ schmalen Rechteckstreifen. Wenn man die Geraden aber – so wie bei den Bildern auf dieser Seite – in der Abwicklung mit einem viel breiteren Rechteck abschneidet, erhält man abwickelbare, ästhetisch ansprechende Flächen, die nur dann als Möbiusband identifizierbar sind, wenn man das dünnere Band mit einzeichnet.

Demo-Video
http://tethys.uni-ak.ac.at/cross-science/moebius-variation.mp4

Wie erzeugt man abwickelbare Flächen?

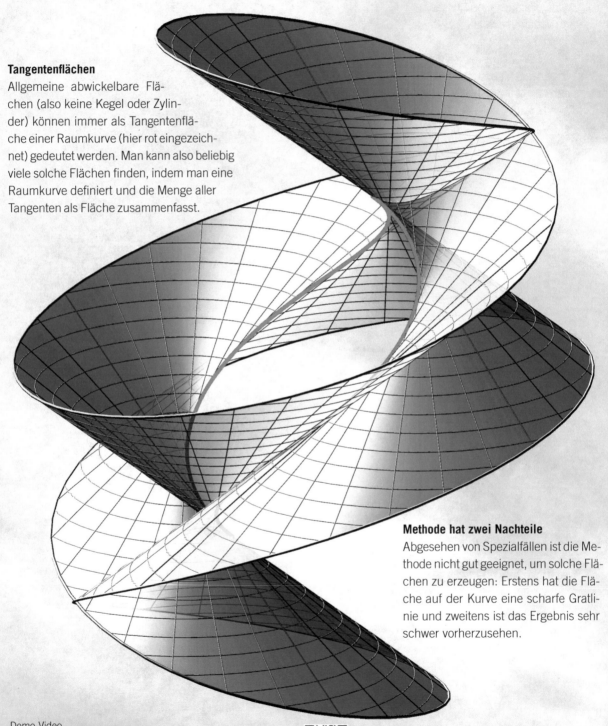

Tangentenflächen

Allgemeine abwickelbare Flächen (also keine Kegel oder Zylinder) können immer als Tangentenfläche einer Raumkurve (hier rot eingezeichnet) gedeutet werden. Man kann also beliebig viele solche Flächen finden, indem man eine Raumkurve definiert und die Menge aller Tangenten als Fläche zusammenfasst.

Methode hat zwei Nachteile

Abgesehen von Spezialfällen ist die Methode nicht gut geeignet, um solche Flächen zu erzeugen: Erstens hat die Fläche auf der Kurve eine scharfe Gratlinie und zweitens ist das Ergebnis sehr schwer vorherzusehen.

Demo-Video
http://tethys.uni-ak.ac.at/cross-science/developable-const-slope.mp4

Das begleitende Dreibein

Ein reguläre Raumkurve hat i. Allg. in jedem Punkt eine Tangente und einen Krümmungskreis. Die Richtung zum Mittelpunkt dieses Kreises nennt man Hauptnormale. Tangente und Hauptnormale definieren dann die sog. Binormale, die auf der Trägerebene des Kreises senkrecht steht. Tangente, Haupt- und Binormale definieren das sog. begleitende Dreibein und damit drei Ebenen (grün, rot und gelb eingezeichnet). Nun weiß man, dass Ebenen im Laufe einer Bewegung immer eine abwickelbare Fläche einhüllen, was wir auf das Dreibein anwenden: Die grüne Ebene hüllt die Tangentenfläche ein, von der wir wissen, dass sie nur bedingt zur gezielten Erzeugung einer abwickelbaren Fläche eingesetzt werden kann. Die gelbe Ebene (senkrecht zur Tangente) ist für unsere Zwecke unbrauchbar, weil sie eine kaum vorhersehbare Fläche überstreicht. Die rote Ebene hingegen – sie heißt rektifizierende Ebene – erzeugt eine abwickelbare Fläche, die die Raumkurve als geodätische Linie enthält. Diese „rektifizierende Torse" ist hervorragend zum Design unserer Flächen geeignet.

Erzeugen von Bändern

Beim Abwickeln der rektifizierenden Fläche geht die zugehörige Raumkurve in eine Gerade über. Schneidet man die Erzeugenden nun durch Geraden parallel dazu ab, erhält man Bänder konstanter Breite. Probleme machen allerdings Wendepunkte der Kurve, weil dort das Dreibein nicht definiert ist. Solche Punkte müssen also durch geeignete Nachbarpunkte umgangen werden.

Demo-Videos
http://tethys.uni-ak.ac.at/cross-science/accomp-tripod.mp4

Abwickelbare Verbindungsflächen

Gegeben sind n größere und n kleinere Kreise, die gleichmäßig in Meridianebenen verteilt sind. Sie definieren $2n$ kongruente abwickelbare Verbindungsflächen. Max Klammer untersuchte die Entstehung solcher Teilflächen, die der Erzeugung von Kegelstümpfen ähneln. Er verband sie in der angedeuteten Weise – zunächst mit „Falzzähnen", später auch mit Büroklammern und Klammern. Dabei fand Klammer heraus, dass das gesamte Objekt – mittlerweile „Klammertorus" genannt – als eine Maschine interpretiert werden kann, die sich drehen kann, solange sie „ein wenig flexibel" bleibt und nur Teile der Oberflächen materialisiert werden.

Demo-Video
http://tethys.uni-ak.ac.at/cross-science/klammer-torus.mp4

Einritzen von Kurven

Man nehme ein rechteckiges Stück Zeichenpapier, ritze eine Kurve c in das Papier und forme das Papier entlang der vorbereiteten Linie vorsichtig zu einem Drehzylinder. Dabei erhält man eine Reihe von „Kragenflächen". In den oberen Bildern wurde für c eine Kettenlinie gewählt. Andere Möglichkeiten sind Sinuskurven (Bilder unten) und Parabeln. Allerdings darf die eingeritzte Kurve keinen Wendepunkt haben. Da sich an der Metrik der Fläche nichts ändert (sonst wäre das Papier zerrissen), hat man eine Klasse abwickelbarer und damit einfach gekrümmter Flächen gefunden.

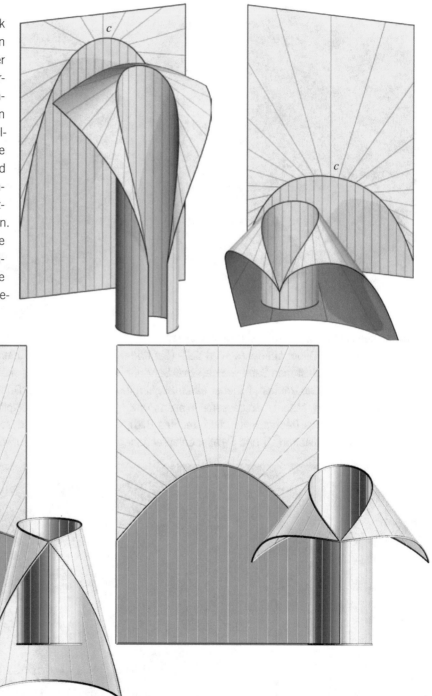

Flächen mit lokal konstanter Steigung

Sanddünen sind lokal einfach gekrümmte Flächen

Betrachten wir die Bilder auf der rechten Seite (Sanddünen in Namibia). Lässt man Sand wie bei einer Sanduhr an eine gewisse Stelle träufeln, bildet er einen Kegel mit konstanter Steigung. Macht man dasselbe in allen Punkten einer Raumkurve (rechte Seite Mitte, rechtes Bild), erhält man die Hüllflächen Γ_1 und Γ_2 aller entsprechen-

den Kegel, die dann ebenfalls eine konstante Steigung haben. Diese „Dünenfläche" hat eine Spurkurve in der Basisebene. Umgekehrt kann man – ausgehend von der Spurkurve – die Düne rekonstruieren. Dies wurde spaßeshalber am Beispiel der Erdkugel verdeutlicht, wobei ersichtlich wird, dass Dünenflächen nur lokal eine konstante Neigung aufweisen.

Demo-Videos
http://tethys.uni-ak.ac.at/cross-science/hourglass.mp4

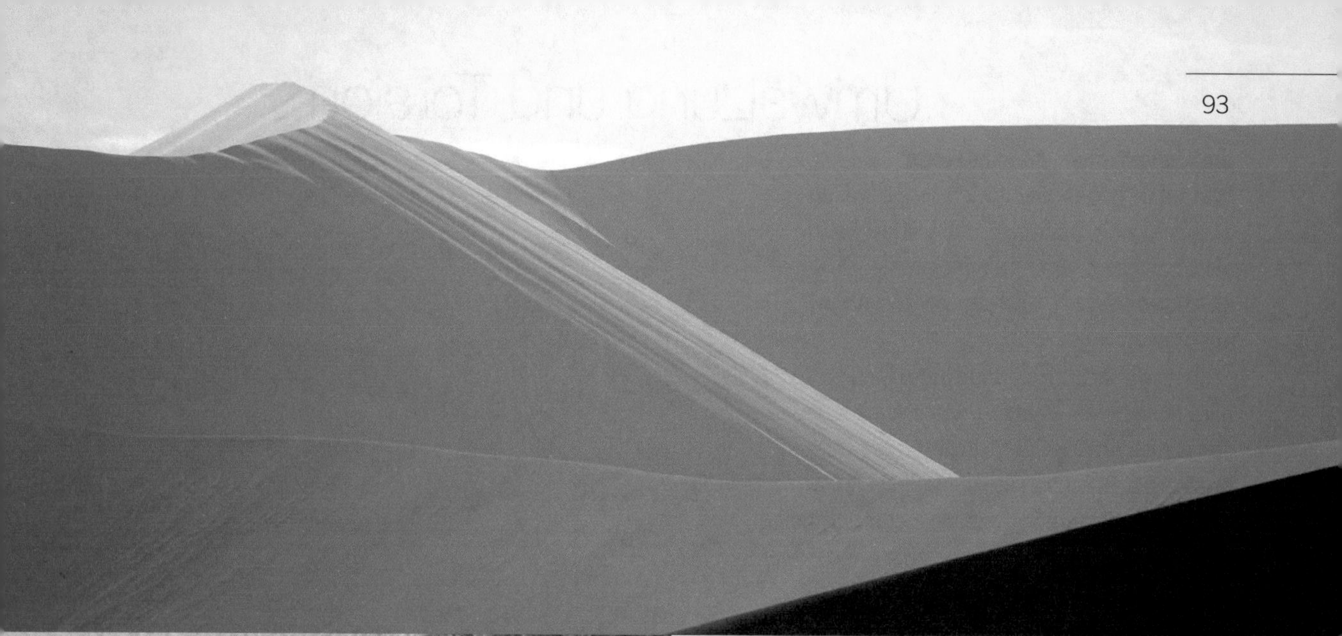

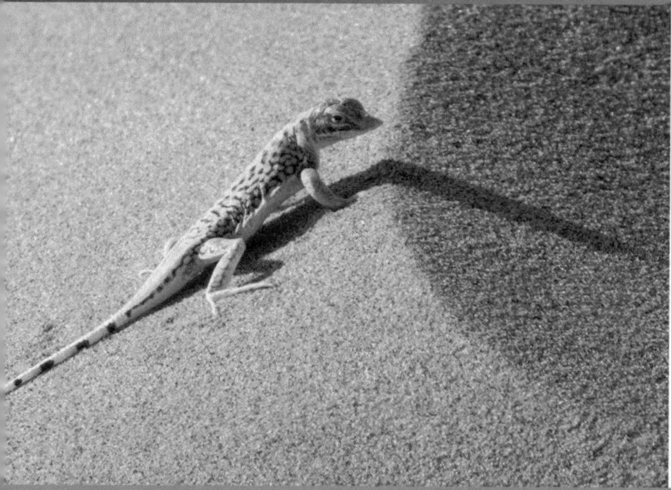

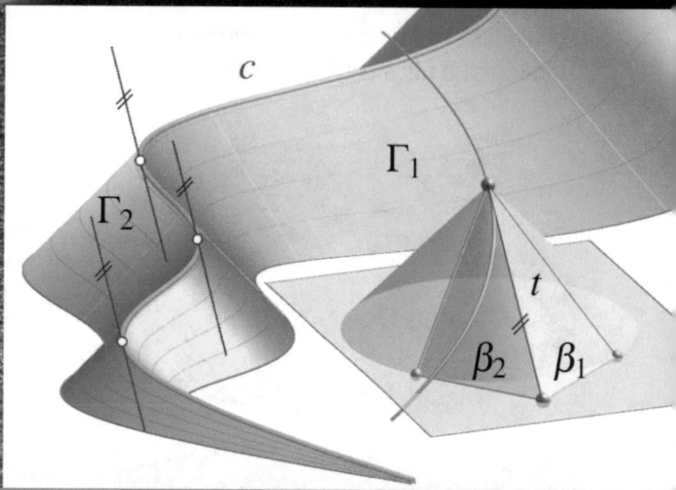
c
Γ1
Γ2
t
β2
β1

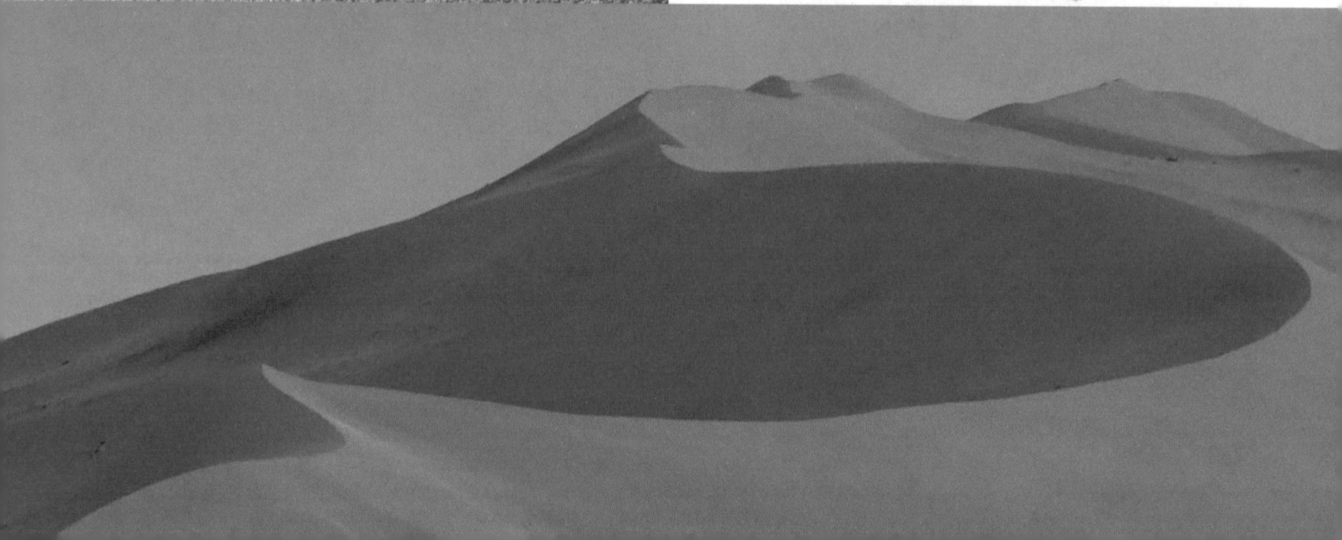

Umwälzung und Torsion

Umwälzung einer „Rhombenkette"

Rhomben haben vier gleich lange Seiten und sind normalerweise eben. Man kann sie aber längs einer der Diagonalen knicken und sie als „windschiefe Rhomben" ansprechen.

Nicht trivial ist nun folgende Idee: Man verteile Punkte auf einem Breitenkreis eines Torus gleichmäßig. Sie fungieren als Eckpunkte der Rhomben auf der nicht geknickten Diagonale. Ihre Symmetrieebenen schneiden Meridiankreise des Torus aus, auf denen man – bei Vorgabe der Seitenlänge – die restlichen beiden Punkte der Rhomben aufsucht. Damit hat man bereits eine umwälzbare Rhombenkette gefunden.

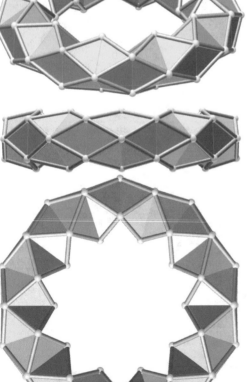

Jetzt kann die Seitenlänge des einzelnen Rhomben noch so gewählt werden, dass bei mehrfacher Anwendung das Gebilde geschlossen ist. Dadurch, dass mehrere Parameter variiert werden können, erhält man eine doch erstaunliche Vielfalt solch geschlossener Gebilde, die alle kaleidoskopartig verdreht werden können.

Demo-Video
http://tethys.uni-ak.ac.at/cross-science/diamond-mesh-torus.mp4

Verdrehte Ringe

Nehmen wir einen Ring mit quadratischem Querschnitt und verdrehen den Querschnitt mit zunehmendem Zentriwinkel. Das Ergebnis wird von Flächen begrenzt, die als verallgemeinerte Möbiusbänder bezeichnet werden können.

Doppelt gekrümmt

Auch wenn die erwähnten Randflächen „fast" abwickelbar sind, haben sie doch leicht gekrümmte Umrisse, was darauf hinweist, dass sie nicht einfach gekrümmt und damit abwickelbar sind. Es ist also nicht möglich, ein Papiermodell der abgebildeten Ringe herzustellen.

Demo-Video
http://tethys.uni-ak.ac.at/cross-science/moebius-generalization.mp4

Doppelt gekrümmt:
Der Normalfall

Fußball-Variationen

Kriterium für einen Fußball

Laut internationalen Regeln gilt: Ein Fußball muss kugelförmig sein, aus Leder oder einem anderen geeigneten Material gefertigt sein, einen Umfang von 68 – 70 cm, eine Masse von 410 – 450 g und einen Innendruck von 600–1100 g/cm^2 haben. Soweit die Fakten.

Die Kugel ist doppelt gekrümmt und folglich nicht abwickelbar

Besonders wichtig ist natürlich, dass der Fußball exakt kugelförmig ist – sonst könnte der Ball nicht in alle Richtungen gleichmäßig rollen. Um so einen Ball herstellen zu können, werden meist Teilstücke, die häufig aus Leder bestehen, zusammengenäht, wobei innerhalb des noch schwammigen Gebildes eine „Seele" aus Kunststoff platziert wird.

Entscheidend ist die Deformierbarkeit der Hülle

Bläst man diesen inneren Ballon auf, wird er zur Kugel. Dabei drückt er die zusammengenähten Lederteile gleichmäßig nach außen. Das funktioniert umso besser, je gleichmäßiger die Einzelteile verteilt sind. Bekanntlich ist es unmöglich, ausnahmslos kongruente ebene Polygone zu wählen (im Bild unten sieht man eine gute „Triangulierung", wobei keineswegs alle Dreiecke gleich groß sind).

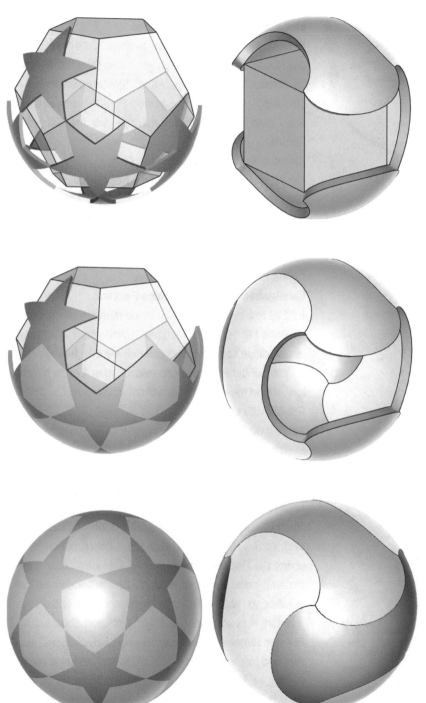

Platonische Basiskörper

Das naheliegendste Grundgerüst ist wohl das Pentagondodekader. Die klassische Form des Fußballs (Foto auf der linken Seite oben) leitet sich über das Dodekaeder aus dem archimedischen Körper mit zwölf Fünfecken und 20 Sechsecken ab. Von Zeit zu Zeit werden neue Fußballdesigns entworfen.

Zwölf kongruente Sterne

Die linke Serie mit den zwölf gelben Sternen zeigt das Design für das Champions-League-Finale in München 2012. Man erkennt beim Aufbau deutlich das zugrundeliegende Dodekaeder.

Nur sechs kongruente Teile

Daneben sieht man ein Design auf Basis des Würfels, das mit sechs kongruenten Teilen auskommt. Man muss natürlich dafür sorgen, dass die Einbuchtungen und Ausbuchtungen kongruent sind. Gleichzeitig sollen sich in den acht Würfelecken regelmäßige „Strudel" ergeben (Bild rechts unten). Im konkreten Fall handelt es sich um echte Raumkurven, die sich als Schnitte von elliptischen Zylindern mit der Kugel ergeben. Das Material, aus dem die einzelnen Lappen bestehen, muss allerdings sehr elsatisch sein, weil hier bereits starke doppelte Krümmungen auftreten.

Demo-Videos
http://tethys.uni-ak.ac.at/cross-science/fussball1.mp4
http://tethys.uni-ak.ac.at/cross-science/fussball2.mp4

Gärtner auf gekrümmten Flächen

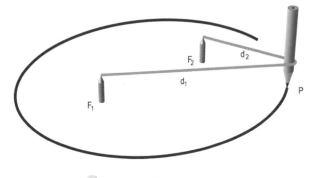

Eine einfache Ellipsenkonstruktion

Eine Ellipse ist dadurch gekennzeichnet, dass die Summe der Abstände d_1 und d_2 zu zwei festen Punkten F_1 und F_2 konstant ist. Diese Eigenschaft führt zur „Gärtnerkonstruktion": Man fixiere die beiden Punkte und führe ein Seil / eine Schnur konstanter Länge, wie im Bild links, herum.

Dieselbe Konstruktion auf der Kugel

Die Konstruktion lässt sich auf die Kugel verallgemeinern (Bild darunter). Die beiden Seilabschnitte werden dann natürlich gekrümmt sein. Durch das Straffen des Seils werden sie die kürzeste Verbindung zwischen den Fixpunkten und dem Kurvenpunkt einnehmen und verlaufen daher längs zweier Großkreise.

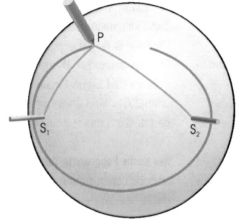

Verallgemeinerung auf beliebige Flächen?

Es liegt nahe sich zu überlegen, ob man die Gärtnerkonstruktion auf beliebige Flächen erweitern kann. Dabei kann es allerdings sein, dass wir das Seil wie durch einen Magneten auf der Fläche halten müssen, damit es sich nicht loslöst und eine geradlinige „Brücke" bildet.

Geodätische Linien

Suchen wir nach der kürzesten Verbindung zwischen zwei Punkten einer Fläche. Von der Geometrie wissen wir, dass dies eine geodätische Linie ist, und wir kennen auch schon ein Beispiel: Auf der Kugel sind Großkreise geodätische Linien.

Nach Definition ist eine solche Linie dadurch charakterisiert, dass in all ihren Punkten die zugehörige Schmiegebene die Flächennormale enthält. Das klingt zwar kompliziert (und ist auch rechentechnisch im allgemeinen Fall aufwändig), aber man kann beweisen, dass unsere gesuchten Kurven diese Bedingung erfüllen müssen. Im Fall der Kugel sind die geodätischen Linien ebene Kurven, und tatsächlich schneidet die Ebene die Kugel rechtwinklig, weil sie ja durch den Kugelmittelpunkt geht.

Im Bild links wurde auf diese Weise ein „rechtwinkeliges Dreieck" auf einer Fläche gezeichnet. Alle drei Seiten sind geodätische Linien auf der Fläche.

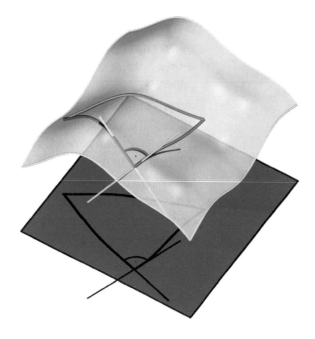

Konstruktion auf elliptisch gekrümmten Flächen

Die Bilder auf dieser Seite zeigen „Ellipsen" auf einem Ellispoid (oben), einem einschaligen Hyperboloid (Mitte) und auf einem Torus (Bilder unten). Ellipsoide sind stets elliptisch gekrümmt. Dadurch funktioniert die Konstruktion auch physikalisch stets einwandfrei: Der Faden wird automatisch auf der Fläche aufliegen.

Kritische Positionen auf hyperbolisch gekrümmten Flächen

Beim einschaligen Hyperboloid (das in allen Punkten hyperbolisch gekrümmt ist) wird der Faden schon mal versuchen, eine „Abkürzung" zu nehmen, indem er sich geradlinig von einem Punkt zu einem anderen von der Fläche abhebt (im Bild etwa von der Bleistiftspitze bis zum auf der Rückseite befindlichen Fixpunkt). Wenn beide Fixpunkte entweder oben oder unten liegen, entschärft sich das Problem teilweise.

Gärtnerkonstruktion am Torus

Der Torus ist innen hyperbolisch, außen elliptisch gekrümmt. Hier wird man physikalisch die Konstruktion nur lokal durchführen können und die Sache muss eher „von der philosophischen Seite" betrachtet werden: Man denke sich ein zweidimensionales Lebewesen, das auf einem Torus lebt und diesen nicht verlassen kann. Die Anziehungskraft wirke stets orthogonal zur Oberfläche. Dann wird dieser „Flatlander" überzeugt sein, mit seinem Fadenwerk eine Ellipse zu zeichnen.

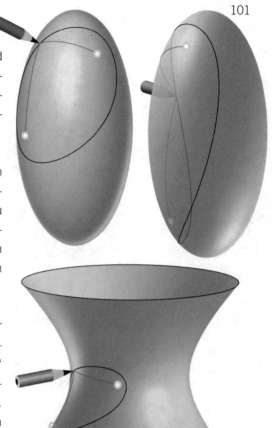

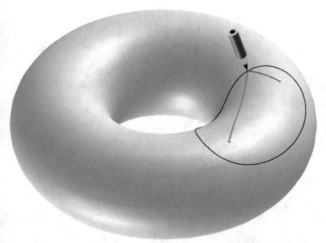

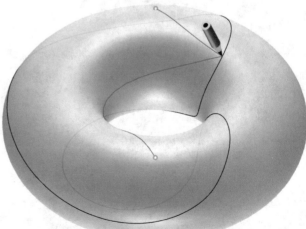

Demo-Videos
http://tethys.uni-ak.ac.at/cross-science/gardener-on-quadric.mp4
http://tethys.uni-ak.ac.at/cross-science/gardener-on-torus.mp4

Die Ornamente auf dem Tassilokelch

Die Geometrie des Kelchs

Der Tassilokelch ist ein im Stift Kremsmünster aufbewahrter Kelch, der vermutlich um 780 vom bayerischen Herzog Tassilo und seiner Gemahlin Luitpirga gestiftet wurde (mehr darüber siehe Fußnote). Er besteht geometrisch gesehen aus einem Drehellipsoid (oberer Teil), einer Drehfläche, die dem Außenteil eines Torus ähnelt (mittlerer Teil) und näherungsweise einem Hyperboloids (unterer Teil, Sockel).

Oben fünf, unten vier verzierte Ovale
sind auf den doppelten Oberflächen gleichmäßig verteilt. Das erforderte viel geometrisches Wissen.

Eine erste Theorie

Könnte der Künstler bzw. die Künstlerin den Oberteil zunächst durch einen Drehzylinder und den Unterteil zunächst durch einen Drehkegelstumpf angenähert haben? Die entsprechenden Abwicklungen wären dann ein Rechteckstreifen bzw. ein Kreisringsektor. Dort könnte man die Ovale unschwer eintragen und dann die Folien „aufwälzen".
Das Ganze funktioniert in der Praxis mehr schlecht als recht, wenngleich man durch Einschneiden der Folien ein bisschen Spielraum bekäme.

Information über den Tassilokelch
Geschichtlicher Überblick, Foto, Ornamente
https://de.wikipedia.org/wiki/Tassilokelch
https://mittelalter.fandom.com/de/wiki/Tassilokelch

Eine zweite Theorie …

… kommt dem Resultat deutlich näher: Die „Gärtnerkonstruktion" funktioniert ja, wie wir auf 101f gesehen haben, gut auf elliptisch gekrümmten Flächen. Damit könnte man die oberen Ovale sehr genau eingravieren. Auch beim Unterteil ist im konkreten Fall die Konstruktion durchaus brauchbar.

Anmerkung: Seit dem Altertum wurden Ellipsen mit der Gärtnerkonstruktion gezeichnet – die Idee ist also keineswegs an den Haaren herbeigezogen.

Demo-Videos
http://tethys.uni-ak.ac.at/cross-science/tassilo1.mp4
http://tethys.uni-ak.ac.at/cross-science/tassilo2.mp4

Tierhörner

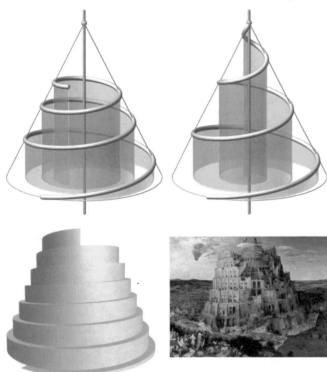

Zwei nicht unähnliche räumliche Spiralen

Unter Spiralen versteht man landläufig „so etwas wie Schrauben". In der Geometrie unterscheidet man allerdings verschiedene Arten. Wird etwa ein Gebilde um eine Achse gedreht und gleichzeitig proportional zur Drehung längs der Achse verschoben, liegt ein Schraubung vor. Wird dabei das Gebilde proportional zum Drehwinkel axial verkleinert, spricht man von einer Helispiralung. Ist die Verkleinerung exponentiell bzgl. eines fixen Zentrums auf der Achse, liegt die klassische Spiralung vor. Den Unterschied zwischen einer klassischen Spirale und einer Helispirale kann man im Bild oben links gut erkennen: Während die eine das Spiralzentrum nie erreicht, erreicht die Helispirale ohne Probleme einen Punkt auf der Achse.

Helispiralung

Das berühmte Gemälde „Turmbau zu Babel" von Peter Breughel d. Ä. (Bild in der Mitte) zeigt z. B. in einer Analyse recht genau eine Helispirale. Hätte der Maler den Turm höher gebaut, hätte er nach wenigen Drehungen eine Spitze erreicht.

Helispiralflächen

Unterwirft man wie im unteren Bild einen Kreis in einer Meridianebene einer Helispiralung, erhält man eine Fläche, die frappant an ein Tierhorn erinnert. Wie die Bilder auf der rechten Buchseite zeigen, lassen sich durch Variation der Ausgangskurve in der Tat viele solche Hörner simulieren. Das führt auch zum Verständnis, wie solche Hörner natürlich wachsen.

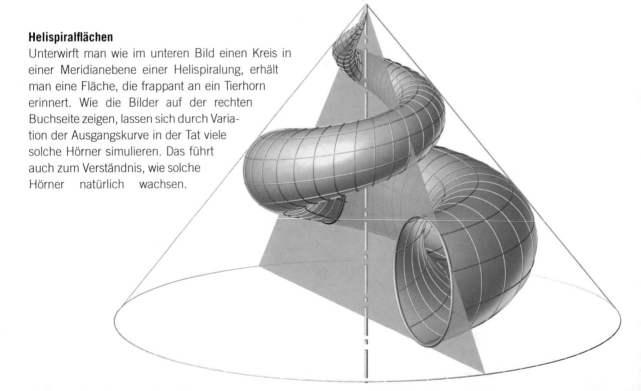

Gut simulierbarer Wachstumsprozess

Die Hörner von Antilopen, Büffeln, Steinböcken und Ziegen gehören zu den wenigen Objekten im Tierreich, die nahezu exakt durch mathematische Flächen beschrieben werden können. Von links oben im Uhrzeigersinn: Steinbock, Hirschziegenantilope, Wasserbüffel, Elenantilope und Schraubenziege.

Eine ebene oder räumliche erzeugende Kurve (beim Steinbock oder Büffel z. B. eine Ellipse) wird einer Helispiralbewegung unterworfen.

Demo-Videos
http://tethys.uni-ak.ac.at/cross-science/markhor.mp4
http://tethys.uni-ak.ac.at/cross-science/eland.mp4

Exponentielles Wachstum

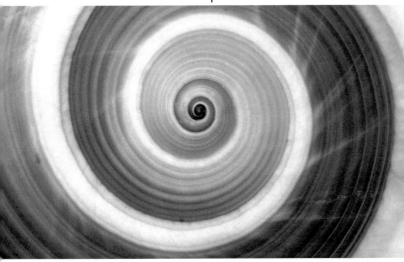

Schneckengehäuse

Der Zusammenhang zwischen Geometrie und Biologie ist wohl am schönsten bei den Kalkschalen von Schnecken, Muscheln und beim Nautilus zu sehen. In der Draufsicht sind die Wachstumslinien logarithmische Spiralen, also Kurven, die ein radiales Strahlbüschel unter konstantem Winkel durchsetzen. Solche Kurven entstehen, wenn man den Radialabstand eines Punktes um einen gewissen Prozentsatz erhöht und den Punkt gleichzeitig um einen *proportionalen* Winkel um das Zentrum verdreht. Genau dieses Wachstum liegt offenbar bei den genannten Tieren vor.

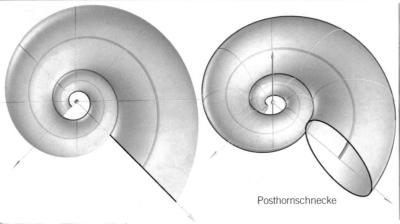

Posthornschnecke

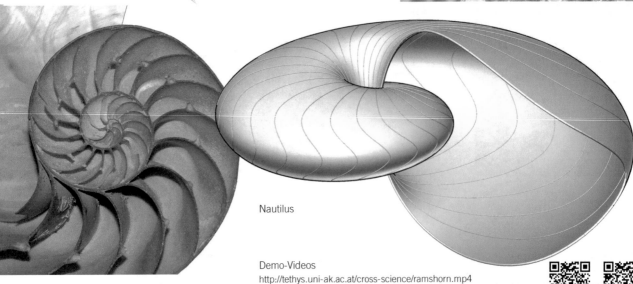

Nautilus

Demo-Videos
http://tethys.uni-ak.ac.at/cross-science/ramshorn.mp4

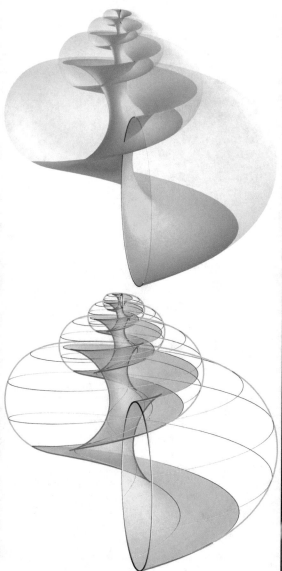

Fazinierendes Innenleben

So überschaubar das Gehäuse einer Schnecke von außen wirken mag: Das Innenleben ist um einiges komplexer und bedarf großer Raumvorstellungskraft, insbesondere, weil fast immer Selbstschnitte vorkommen (eine Ausnahme bildet das Haus der Posthornschnecke links in der Mitte, wo bemerkenswerterweise eine Selbstberührung stattfindet).

Demo-Video
http://tethys.uni-ak.ac.at/cross-science/snail-shell-section.mp4

Radialsymmetrie

Symmetrie …

… spielt in der Natur ganz offensichtlich eine sehr große Rolle, sowohl im Pflanzenreich als auch im Tierreich, und das aus verschiedensten Gründen. Der Hirsch, auf der linken Seite rechts unten, könnte sein mächtiges Geweih nicht mühelos balancieren und müsste eine wesentlich größere Kraft aufwenden um seinen Kopf problemlos bewegen zu können, wäre das Geweih nicht symmetrisch. Wirbeltiere, aber auch die meisten anderen Tierstämme, besitzen eine einzige Symmetrieebene: Sie sind bilateralsymmetrisch und haben dadurch ein „Vorne" – die Fortbewegungsrichtung.

Quallen (linke Seite rechts oben) und andere Nesseltiere sind radialsymmetrisch. Die Tiere bewegen sich auch in alle Richtungen. Auf der linken Seite sind zwei weitere Beispiele für radiale Symmetrie zu sehen: Die Schirmchenalge links oben und darunter ein Fliegenpilz.

Radialsymmetrie im Pflanzenreich häufiger

Im Gegensatz zum Tierreich scheinen im Pflanzenreich bilaterale Symmetrien weniger häufig vorzukommen. Hier sind Mehrfachsymmetrien, etwa die Fünffach-Symmetrie bei der Glockenblume, häufiger. Biologen glauben den Grund zu kennen: Die Blütenkelche sind dazu da, Insekten anzulocken, die dann für die Bestäubung sorgen. Wenn ein Blütenkelch von allen Seiten fast gleich aussieht, bildet er eine Landeplattform, die von Insekten aus allen Richtungen angeflogen werden kann. Dies erweist sich als sehr vorteilhaft, auch wenn dadurch überall Pollen angebracht werden müssen (die Erzeugung von Pollen ist aufwändig).

Geometrisch gesehen …

… haben wir bei der Mehrfachsymmetrie meist mit Drehflächen zu tun, also Flächen, die durch Rotation eines Meridians um eine feste Achse entstehen. So hat etwa die fünfzählige Glockenblume als Kelchform eine Drehfläche (vgl. Video).

Demo-Videos
http://tethys.uni-ak.ac.at/cross-science/blossom-variations.mp4
http://tethys.uni-ak.ac.at/cross-science/medusa-moving.mp4

Klassische Flächentypen

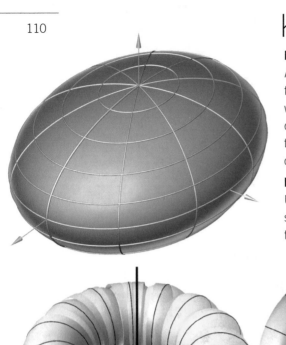

Die einfachsten Flächen

Abgesehen von der Ebene sind die Flächen zweiten Grades die einfachsten algebraischen Flächen. In der Natur spielen dabei die abwickelbaren Varianten (Zylinder und Kegel) und natürlich die Kugel die größten Rollen. In der Differentialgeometrie dienen sie als Prototypen für das lokale Verhalten aller Flächen. Im Bild links ist ein dreiachsiges Ellipsoid zu sehen.

Drehflächen

Unter den Flächen zweiten Grades befinden sich auch rotationssymmetrische. Der Saturn hat z. B. – am stärksten ausgeprägt unter allen Planeten – die Form eines abgeplatteten Drehellipsoids.

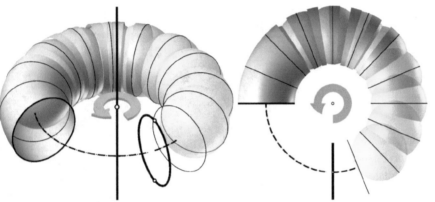

In der Geometrie ist der Torus, der bei Rotation einer Kugel oder eines Kreises in einer Meridianebene entsteht, ein gut geeigneter Prototyp für die Annäherung beliebiger Drehflächen (Bilder in der Mitte).

Rohrflächen

In der Natur spielen oft Flächen eine Rolle, die von einer sich bewegenden Kugel erzeugt werden. Unten links ist eine Schraubrohrfläche zu sehen, bei der die Kugel einer Schraubung unterworfen wird. Im Bild rechts davon ist die Doppelhelix als Anordnung von Molekülen in den Chromosomen des Zellkerns zu sehen. Die DNS-Stränge ranken sich um eine gedachte Achse.

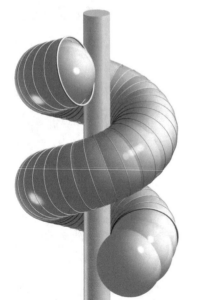

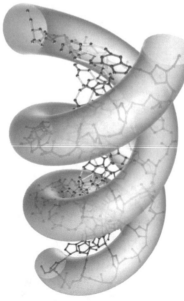

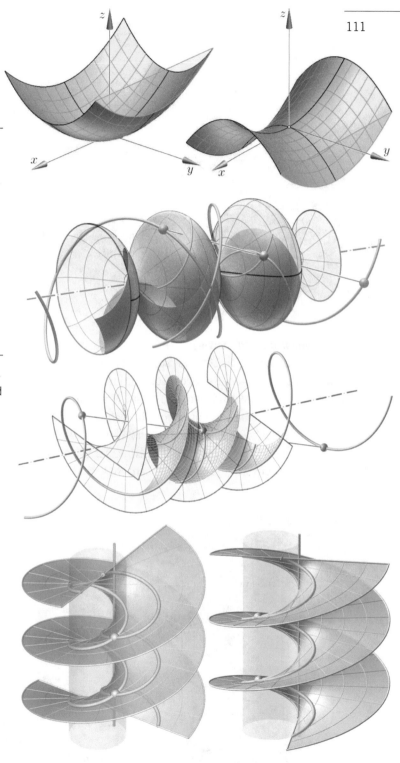

„Flächenzwitter"

Die Flächen zweiten Grades können auch Drehflächen sein, auch wenn man es ihnen nicht auf Anhieb ansieht. Die rechts abgebildeten Paraboloide sind hingegen immer Schiebflächen (s. S. 120f.), das linke davon kann durchaus gleichzeitig eine Drehfläche sein. Das rechte Paraboloid entsteht dafür auf zweifache Art durch Bewegung einer Geraden und ist damit auch eine „Regelfläche".

Drehflächen und Schiebflächen

Die Fläche darunter – eine Drehfläche, die durch Rotation einer Sinuslinie um deren Achse – kann als Mittenfläche von zwei koaxialen Schraublinien (links- bzw. rechtsgängig, s. S. 120f.), die um eine halbe Ganghöhe verschoben sind, interpretiert werden. Sie entsteht folglich auf nicht-triviale Art und Weise durch Schiebung einer Schraublinie längs einer anderen (Video 1).

Schraub-, Regel- und Schiebflächen

Die Wendelfläche (untere Abbildungen) ist zunächst Schraubfläche mit halbem Parameter, zudem Regelfläche, weil sie von einer Geraden erzeugt wird, welche die Achse senkrecht trifft, und zuletzt auf unendlich vielfache Weise Schiebfläche:
Dazu braucht man nur eine Schraublinie mit paralleler Achse und halbem Parameter, welche die Achse der Fläche schneidet und längs einer identischen Schraublinie verschiebt (Video 2). Das erklärt auch, warum sich immer eine Normalprojektion der Fläche findet, in der eine solche nicht-triviale Schraublinie Umriss der Fläche ist.

Demo-Videos
http://tethys.uni-ak.ac.at/cross-science/rotating-sine-translation.mp4

Eine eigenartige Art von Zwanglauf

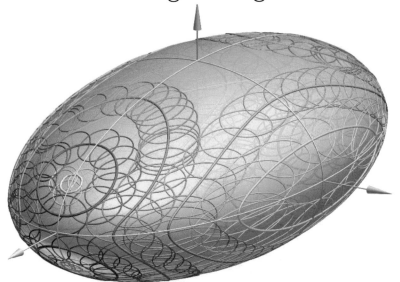

Es gibt also nur ∞^2 verschiedene Ellipsen. Folglich muss es auf einem Ellipsoid unendlich viele *kongruente* Ellipsen geben. Kann man also vielleicht eine vorgegebene Ellipse auf einem Ellipsoid bewegen, und wenn ja: Was ist das für eine Bewegung?

Es gibt also nur ∞^2 verschiedene Ellipsen. Folglich muss es auf einem Ellipsoid unendlich viele *kongruente* Ellipsen geben. Kann man also vielleicht eine vorgegebene Ellipse auf einem Ellipsoid bewegen, und wenn ja: Was ist das für eine Bewegung?

Eine kontinuierliche Bewegung

Das Bild links illustriert, wie Ellipsen verschiedener „Dicke" auf einem dreiachsigen Ellipsoid verschoben werden können. Die exakte Lösung des Problems ist – wenn man Formeln haben will – sehr anspruchsvoll. Einen annähernden Lösungsansatz bekommt man allerdings mit folgender Überlegung, welche auf der rechten Seite beschrieben wird. Erwähnt werden soll auch, dass mit ganz ähnlichen Überlegungen Ellipsen ebenfalls auf dreiachsigen Hyperboloiden (Bild unten links) und Parabeln auf quadratischen Kegeln (unten Mitte) bzw. Hyperboloiden (unten rechts) bewegt werden können.

Eine bemerkenswerte Fragestellung

Die „Oloid-Bewegung" (s. S. 18f.) war schon recht kompliziert zu erklären. Aber es gibt eine interessante Bewegung, die erst im Jahr 2020 restlos geklärt werden konnte. Es galt, folgende Frage zu klären: Man betrachte ein dreiachsiges Ellipsoid und schneide es mit einer beliebigen Ebene. Das Ergebnis ist stets eine Ellipse. Nachdem eine Ebene durch drei Achsenabschnitte festgelegt ist, ist dies auf ∞^3 Arten möglich. Die Form einer Ellipse ist aber durch Angabe der Hauptachsenlänge und der Nebenachsenlänge schon eindeutig festgelegt.

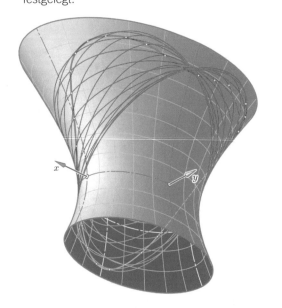

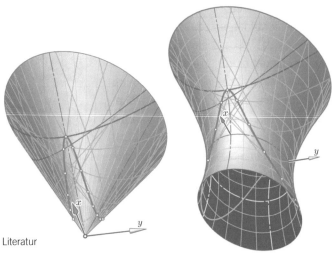

Literatur

Hellmuth Stachel **Moving ellipses on quadrics**
G -- Slovak Journal for Geometry and Graphics,
17, no. 33, 29 - 43 (2020) (ISSN 1336-524X)) 2020

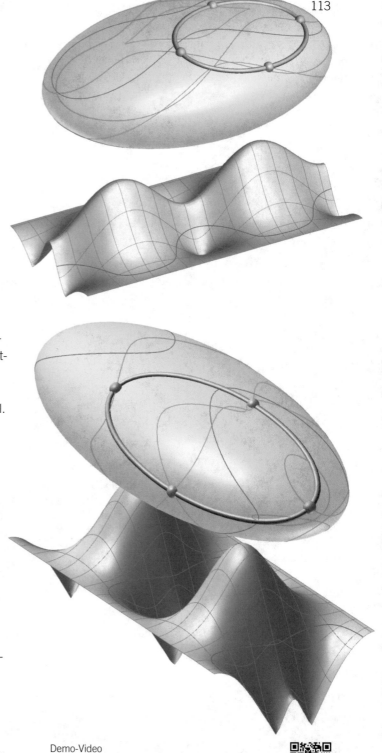

Zunächst der unverzichtbare theoretische Input

Dreiachsige Ellipsoide haben in jeder Hauptrichtung verschiedene Ausdehnung. Betrachten wir nun einen beliebigen Punkt auf so einer Fläche. In ihm gibt es eine Tangentialebene. Schneidet man das Ellipsoid mit Ebenen parallel zu dieser Tangentialebene, erhält man Ellipsen, die zueinander ähnlich sind: Das Verhältnis der beiden Achsenlängen ist also bei all diesen Ellipsen gleich.

Danach der Übergang zu Standardalgorithmen

Interessant sind aber nur Punkte, bei denen sich das vorgegebene Verhältnis w_0 der zu bewegenden Ellipse einstellt. Um diese Punkte schnell zu finden, parametrisiert man das Ellipsoid (Parameter u und v), ermittelt für eine hinreichend große Zahl von Punkten $P(u, v)$ das Verhältnis w der Achsenlängen und erhält dadurch in einem (u, v, w)-Koordinatensystem einen Funktionsgraphen (in den Abbildungen blau). Die Höhenschichtlinien des Funktionsgraphen in der Höhe w_0 führen zu den entsprechenden Punkten am Ellipsoid. Solche Algorithmen sind standardisiert und schnell. Jetzt muss man noch unter den unendlich vielen Parallelschnitten jene mit der richtigen Größe herausfinden. Hier genügt es, für eine beschränkte Anzahl von Schnitten z. B. die Hauptachsenlänge der Ellipse zu bestimmen und dann wieder mit einem standardisierten Algorithmus die richtigen Lösungen (zwei oder null Lösungen) zu finden. Damit hat man in einem kontinuierliche Zusammenhang die Lagen der Ellipsen gefunden und kann z. B. die Bahnen der Scheitelpunkte visualisieren.

Zusammenspiel von exakten und empirischen Lösungswegen

Mittlerweile ist es selbst unter hartgesottenen Theoretikern gängige Praxis, auf solche Visualisierungen zurückzugreifen, um abschätzen zu können, ob es sich lohnt, mit aufwändigen Berechnungen die Aufgabenstellungen perfekt in den Griff zu bekommen.

Demo-Video
http://tethys.uni-ak.ac.at/cross-science/move-ellipses.mp4

Spezielle Netze auf Zykliden

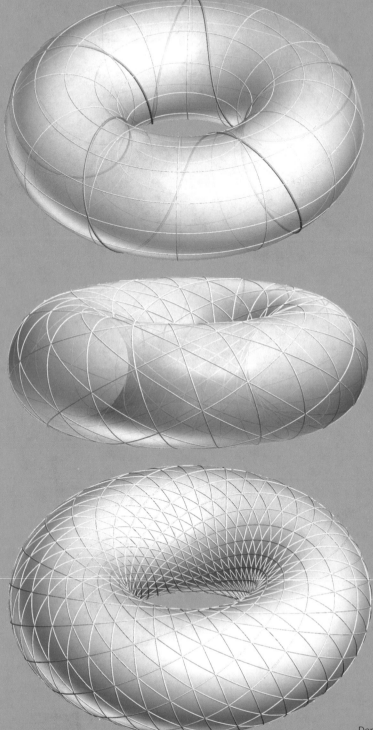

Kann man eine gekrümmte Fläche mit gleichseitigen Dreiecken abdecken?

Wenn man einen Drehzylinder lückenlos mit gleichseitigen Dreiecken abdecken will, geht das, wenn der Umfang gewisse Bedingungen erfüllt: Man wickelt den Zylinder ab und trägt ein Muster von gleichseitigen Dreiecken ein. Beim Aufrollen werden aus nicht achsenparallelen und nicht achsennormalen Seiten der Dreiecke Abschnitte von Schraublinien.

Auf doppelt gekrümmten Drehflächen wird man es über sogenannte Loxodromen versuchen, die das Netz der Meridiankurven unter konstantem Winkel durchsetzen. Loxodromen auf der Kugel kennen wir bereits: Es sind Spiralen, die bei stereografischer Projektion aus den Polen in logarithmische Spiralen übergehen (s. S. 59).

Loxodromen am Torus

Am Torus sind die Loxodromen (Bild links oben) normalerweise nur über die Lösung von Differentialgleichungen zu finden. Unter ihnen befinden sich auch die nicht-trivialen *Villarceau-Kreise* (gut zu sehen im mittleren Bild). Ein besonders schönes Netz aus Dreiecken mit lauter 60°-Winkeln findet man, wenn man zu diesen Kreisen jene Loxodromen aufsucht, die einen Kurswinkel haben, der von dem der Villarceau-Kreise um $\pm 60°$ abweicht (untere Bilder).

Loxodromen auf der Dupinschen Zyklide

Eng mit dem Torus verwandt ist die Dupinsche Zyklide. Sie entsteht durch Inversion des Torus an einer Kugel, die um einen in der Mittenkreisebene liegenden Punkt zentriert ist (rechte Seite Bild oben Mitte). Die Inversion ist winkel-, kreis- und kugeltreu – genau die Eigenschaften, die wir brauchen, um das Dreiecksnetz unbeschadet transformieren zu können (Bilder rechte Seite).

Demo-Video
http://tethys.uni-ak.ac.at/cross-science/torus-net.mp4

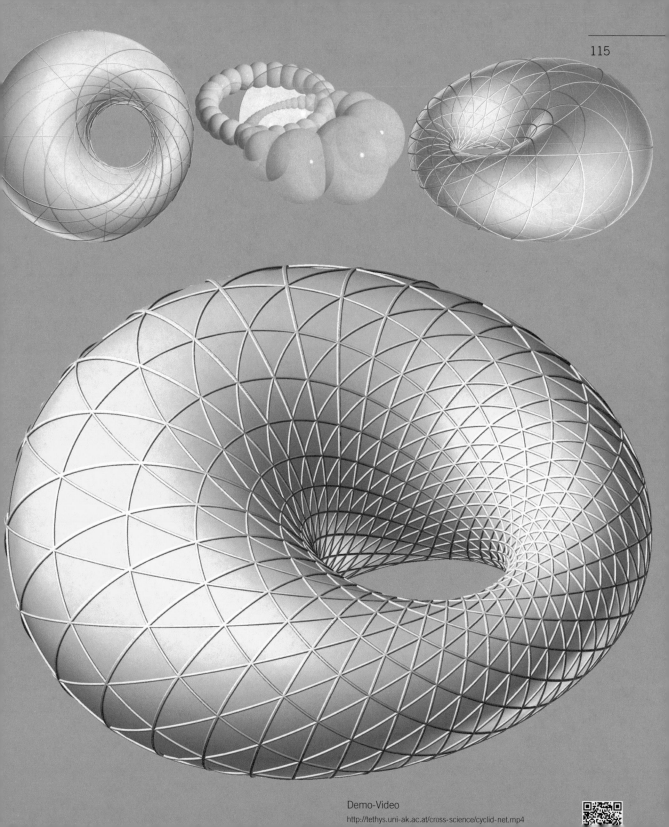

Demo-Video
http://tethys.uni-ak.ac.at/cross-science/cyclid-net.mp4

Minimalflächen:
Elegant und nützlich

Möglichst kleine Oberfläche

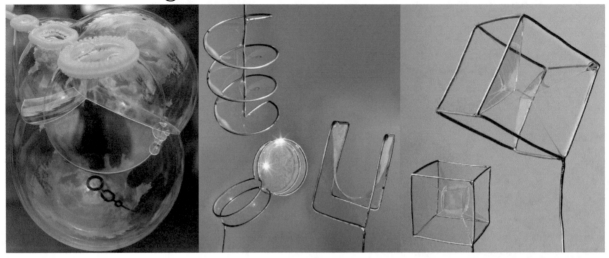

Die Kugel

Die Kugel ist eine wahrlich bemerkenswerte Fläche. Jede nur mögliche sie treffende Ebene schneidet aus ihr einen Kreis aus, insbesondere schneiden alle Ebenen, die durch den Kugelmittelpunkt gehen, einen Großkreis aus, wobei die Ebene Symmetrieebene der Kugel ist – somit besitzt die Kugel eine zweiparametrige Schar von Symmetrieebenen und kann auch auf ebensoviele Arten als Drehfläche angesprochen werden. Alle Großkeise sind gleichzeitig geodätische Linien (s. S. 100f.). Die Kugel ist zudem jene Fläche, die mit minimaler Oberfläche ein gegebenes Flüssigkeitsvolumen umschließt. Will man z. B. einen Würfel basteln, in den genau ein Liter Wasser passen, dann hat dieser Würfel mehr als 20% mehr Oberfläche als eine entsprechende Kugel in die dieselbe Wassermenge passt. So gesehen kann man die Kugel als „geschlossene Minimalfläche" bezeichnen. So sind kleine Wassertröpfchen (s. S. 116) deswegen kugelförmig, weil die Oberflächenspannung die das Wasser umgebende Fläche auf ein Minimum zusammenzieht.

Nicht geschlossene Minimalflächen

Komplizierter wird es, wenn man eine Fläche in ein vorgegebenes Gerüst so einpassen will, dass die Oberfläche minimal wird. Betrachtet man die Bilder oben Mitte und oben rechts (Fotos von Katharina Rittenschober), sieht man nach dem Eintauchen spezieller Drahtgerüste in Seifenlauge, wie sich solche Flächen innerhalb kürzester Zeit bilden. Sie bleiben aber oft nur kurz stabil und „zerplatzen" dann.

Mathematische Bedingungen

Exakt mathematisch gesehen ist das Problem im allgemeinen Fall schwierig zu behandeln. Es stellt sich heraus, dass eine notwendige Bedingung für eine solche Fläche ist, dass *in jedem Punkt* die Hauptkrümmungen entgegengesetzt gleich sein müssen. All diese Flächen sind demnach – im Gegensatz zur Kugel – hyperbolisch gekrümmt. Diese *eigentlichen Minimalflächen* sind also in jedem Punkt lokal gesehen wie ein gleichseitiges hyperbolisches Paraboloid gekrümmt.

Klassische Minimalflächen …

… sind das Katenoid (rechte Seite, orange Fläche unten) und die Wendelfläche (rechte Seite, gelbe Fläche unten). Auf die Verbiegung der beiden Flächen ineinander kommen auf s. S. 121 noch zu sprechen.

Berühmt ist auch die Minimalfläche von Costa (rechte Seite, Bilder oben), die erst 1983 beschrieben wurde. Topologisch handelt es sich dabei um einen dreimal punktierten Torus.

Auch das Trinoid (s. S. 117) reiht sich hier ein.

Demo-Videos
http://tethys.uni-ak.ac.at/cross-science/right-helicoid.mp4

Assoziierte Minimalflächen

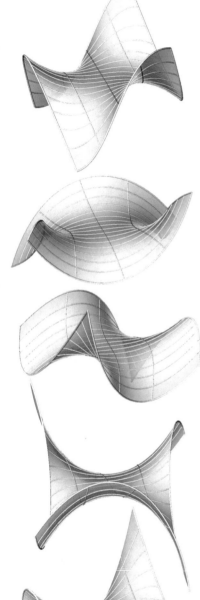

Isotrope Kurven

Können Sie sich vorstellen, dass eine Raumkurve die Länge Null hat? Natürlich nicht – und doch gibt es sie in einem sechsdimensionalen Raum (je drei reelle und drei imaginäre Koordinaten), den wir uns eben nicht vorstellen können. Diese Kurven nennt man isotrope Kurven. Sie können algebraische Kurven sein, Schraublinien, Spirallinien und so weiter. Ein Grund, warum diese Kurven einen praktischen Wert mit einem sichtbaren Ergebnis haben, wird Ihnen beim Weiterlesen bald klar werden.

Schiebflächen

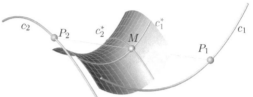

Das Bild oben zeigt, wie man sog. Schiebflächen erzeugen kann: Man nehme zwei Kurven c_1 und c_2, wähle auf jeder Kurve einen beliebigen Punkt P_1 bzw. P_2 und betrachte den Mittelpunkt M der so entstehenden Strecke. Macht man das für alle Punkte von c_1 und c_2, erhält man eine Fläche, die durch Verschiebung einer (grünen) Kurve c_1^* längs einer (roten) Kurve c_2^* entsteht.

Minimalflächen als Schiebflächen

Jetzt kommt folgender Satz zum Tragen: Ist c_1 eine isotrope Kurve und c_2 die dazu konjugiert komplexe Kurve (dabei werden die drei imaginären Koordinaten umgepolt), so entsteht im sechsdimensionalen Raum eine – natürlich unsere Vorstellungskraft übersteigende – Schiebfläche. Ignoriert man von den Punkten dieser Fläche die imaginären Koordinaten, wird der reelle Anteil im 3-Raum als Minimalfläche sichtbar!

Es gibt zu jeder isotropen Kurve assoziierte Kurven

Sei also eine isotrope Kurve m gegeben, zu der eine Minimalfläche M gehört. Dann lässt sich zeigen, dass man eine weitere „assoziierte" isotrope Kurve dadurch gewinnen kann, dass man die Koordinaten der Punkte von m mit der komplexen Zahl e^{it} multipliziert (i ist die imaginäre Einheit und t eine reelle Zahl). Zu dieser neuen Kurve gibt es dann wieder eine Minimalfläche M_t, die zu M assoziiert ist. Und jetzt kommt die Sensation: Alle diese unendlich vielen assoziierten Flächen haben die gleiche Flächenmetrik wie M und sind daher ineinander verbiegbar, ohne dass an der Oberfläche gedehnt oder gestaucht werden muss. Die Serie links zeigt die Verbiegung der sog. Enneperfläche in ihre assoziierten Flächen.

Das ist nicht nur „rein geometrisch" faszinierend – in kaum einer Vorlesung über Differentialgeometrie fehlt z. B. das Beispiel von der Verbiegung der Kettenfläche in die Wendelfläche (rechte Seite, obere Serie) –, sondern es wird uns auf S. 124f noch zu interessanten Schlüssen in der Biologie führen.

Demo-Videos
http://tethys.uni-ak.ac.at/cross-science/enneper-bending.mp4
http://tethys.uni-ak.ac.at/cross-science/catenoid-bending.mp4
http://tethys.uni-ak.ac.at/cross-science/spiral-bending.mp4

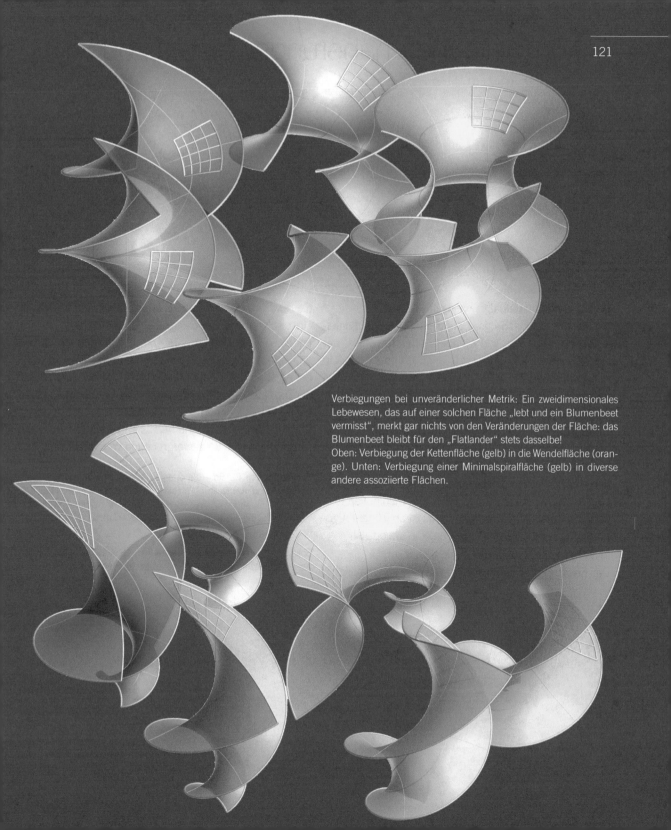

Verbiegungen bei unveränderlicher Metrik: Ein zweidimensionales Lebewesen, das auf einer solchen Fläche „lebt und ein Blumenbeet vermisst", merkt gar nichts von den Veränderungen der Fläche: das Blumenbeet bleibt für den „Flatlander" stets dasselbe!
Oben: Verbiegung der Kettenfläche (gelb) in die Wendelfläche (orange). Unten: Verbiegung einer Minimalspiralfläche (gelb) in diverse andere assoziierte Flächen.

Minimalfächen näherungsweise erzeugen

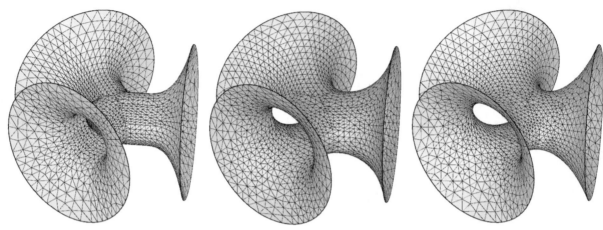

Lösung ohne Differentialgleichungen

Wir nähern die Fläche grob durch einfache Flächentei-
le (ebene Teile, Teile von Zylindern oder Torusteile) an.
Die Teile werden so tesselliert (trianguliert oder anders in
Polygone eingeteilt), dass die Eckpunkte der einzelnen
Facetten ungefähr gleiche Abstände haben.

Magnetische Punkte des Näherungs-Netzes

Jeder Punkt des so entstehenden Netzes wird als magnetisch betrachtet. Nun starten wir eine konvergierende
Echtzeit-Iteration, die es den Punkten erlaubt, sich nach
den Regeln des Magnetismus zu bewegen. Randkurven
oder einzelne Punkte können fixiert und manipuliert werden. Der entsprechende Algorithmus ist an frühere Algorithmen von Fruchterman und Reingold angepasst.

Annäherung an Minimalfläche durch Randkurven

Das Ergebnis ist eine Annäherung an eine Minimalfläche,
die durch die festen Grenzlinien definiert ist. Der Vorteil
eines solchen Flächendesigns ist ein dreifacher:

Erstens ist das Problem nur schwer mit Hilfe von Differentialgleichungen exakt zu lösen, und zweitens arbeitet
der Algorithmus interaktiv in Echtzeit. Das bedeutet, dass
der Designer die Formen fast so schnell ändern kann wie
bei herkömmlichen Freiformflächen.

Drittens ist die Oberfläche bereits entsprechend trianguliert, was für eine Weiterverarbeitung von Vorteil ist.

Beispiele oben: Trinoid – die orange Fläche ist die Ausgangsfläche
(Zylinder- und Torusteile). Die rote bzw. blaue Flächen sind das Ergebnis der Iteration mit bzw. ohne Elastizität der Fläche. Die blauen
Flächen sind die besten Näherungen an die entsprechende Minimalfläche.

Beispiele unten (Variation der Kreisradien): Diesmal geht man bereits
von der zuletzt gewonnenen Annäherung aus (orange).

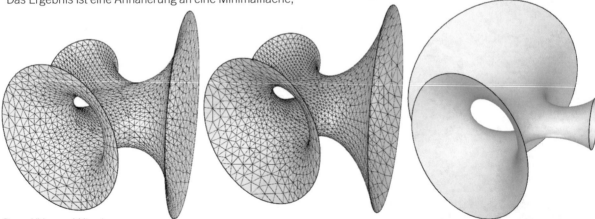

Demo-Video und Literatur
http://tethys.uni-ak.ac.at/cross-science/trinoid-variations.mp4
F. Gruber, G. Glaeser: Magnetism and Minimal Surfaces – a Different Tool for Surface Design

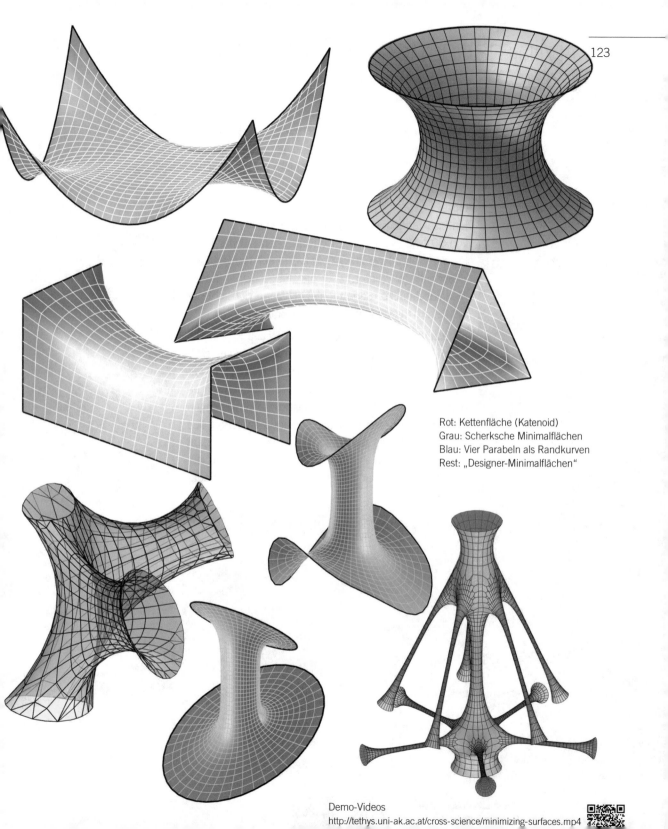

Rot: Kettenfläche (Katenoid)
Grau: Scherksche Minimalflächen
Blau: Vier Parabeln als Randkurven
Rest: „Designer-Minimalflächen"

Demo-Videos
http://tethys.uni-ak.ac.at/cross-science/minimizing-surfaces.mp4

Minimalflächen im Tier- und Pflanzenreich?

Schnelle Bewegung in Fluiden

Aus physikalischer Sicht sind Wasser und Luft Fluide. Deswegen gelten für beide ganz ähnliche Gesetze (man denke an das aerodynamische bzw. das hydrodynamische Paradoxon). Je dichter das Fluid und je größer das bewegte Objekt, desto besser sichtbar sind für uns verschiedenste Effekte.

Flügel

Ein Insektenflügel bewegt sich z. B. mit einer Frequenz von 50 (wie beim Taubenschwänzchen auf der rechten Seite oben) bis zu 300 Mal (bei der Honigbiene), „Rochenflügel" (unten) oder die „Flügel" einer großen Meeresschnecke (Serie rechts) schlagen vielleicht nur einmal pro Sekunde auf und ab (Frequenz 1).

Minimierung der Änderungen auf der Fläche

Beim Tintenfisch (Sepia, Serie links) sieht man ganz deutlich die schnellen Bewegungen der Saumflügel. Wie kann ein Lebewesen ohne großen Kraftaufwand in einem so dichten Fluid wie Wasser solche Bewegungen ausführen? Würden sich die Abstände zwischen den einzelnen Punkten auf der Flügelfläche ständig ändern müssen, wäre das sehr aufwändig. Bei den abgebildeten Tieren scheint sich aber gar nichts zu dehnen oder zu stauchen.

Im Idealfall Minimalflächen

Wenn die in Frage stehenden Flächen abwickelbar sind (also einfach gekrümmt), funktioniert das mit der Erhaltung der Flächenmetrik (Abstände, Winkel) ganz automatisch. Ist die Fläche aber doppelt gekrümmt, funktioniert das geringe Verzerren der Oberfläche nur mit Falten und Runzeln.

Nur wenn die Fläche nahe an eine Minimalfläche herankommt, funktioniert das isometrische Verbiegen ganz zwanglos ohne hydrobzw. aerodynamisch ungünstige Verwerfungen.

Und, siehe da: Die Natur sucht sich bevorzugt diese Lösung. Sehr schön zu sehen ist das auf Braunalgen, die in den Wellen schaukeln: Ihre Oberflächen kommen ganz nahe an Minimalflächen heran (Bilder rechts, wo zum Vergleich auch eine computergenerierte Minimalfläche zu sehen ist).

Demo-Videos
http://tethys.uni-ak.ac.at/cross-science/taubenschwaenzchen.mp4
http://tethys.uni-ak.ac.at/cross-science/braunalgen.mp4

Wellenmodelle:
Seltsame Phänomene

Reflexion einer Wasserwelle

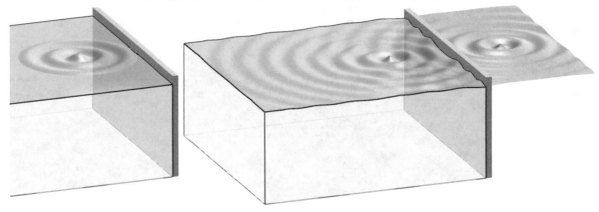

Eine Wasserwelle im Schwimmbecken

Eine punktförmige Erregerquelle erzeugt eine sich kreisförmig ausbreitende Welle (oben links). Sobald die Welle auf eine Wand trifft, ist es geometrisch sinnvoll, die virtuelle reflektierte Welle zu berücksichtigen, um Interferenzen zu berechnen (oben rechts). Sobald die Welle auf eine zweite Wand trifft, die senkrecht zur ersten steht, wird es komplizierter. Es ist klar, dass die zweite Wand eine zusätzliche virtuelle Gegenwelle erzeugt, die das Wellenmuster im Becken stört. Außerdem werden die Teile der Welle, die die Ecke erreichen, doppelt reflektiert (wie eine Kugel auf einem Billardtisch). Die Auswirkung dieses Phänomens kann durch die Betrachtung einer dritten virtuellen Welle bestimmt werden, die eine sekundäre Reflexion der reflektierten Wellen an beiden Wänden ist (Bild unten).

Auch wenn Wasserwellen nicht genau die gleichen Eigenschaften wie Lichtwellen haben, können wir das Problem der Mehrfachreflexion auf ähnliche Weise angehen wie später bei den Mehrfachspiegelungen auf S. 216.

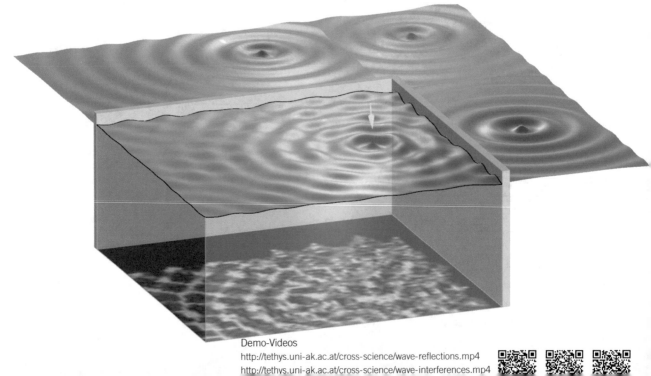

Demo-Videos
http://tethys.uni-ak.ac.at/cross-science/wave-reflections.mp4
http://tethys.uni-ak.ac.at/cross-science/wave-interferences.mp4

Wellenmuster am Boden des Beckens

In der Animation der Wellenüberlagerungen kann man auch in Echtzeit zu einer vorgegebenen Lichtquelle die Muster eintragen lassen, die auf den Beckenboden projiziert werden. Die Idee dahinter ist folgende: Zu einer Anzahl von Punkten des Beckenbodens berechnet man den entsprechenden Punkt auf der Wellenoberfläche samt Flächennormale. An dieser wird der zugehörige Lichtstrahl gebrochen und mit der Basisebene geschnitten. Die Grundfläche wird in der Umgebung dieses Punktes aufgehellt. Bemerkenswerterweise entstehen dadurch netzartige Strukturen wie im großen Bild. Das erste Video vom Sandboden im Meer zeigt, wie schnell sich dieses Muster in der Realität ändert. Das zweite Video zeigt, dass bei flachem Sonneneinfall die hellen Stellen wegen des unterschiedlichen Brechungsindex der einzelnen Spektralfarben Regenbogenfarben entstehen.

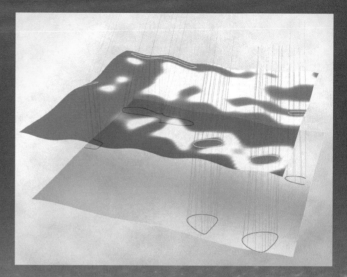

Demo-Videos

http://tethys.uni-ak.ac.at/cross-science/light-patterns-in-water.mp4

Lichtbeugung am Doppelspalt

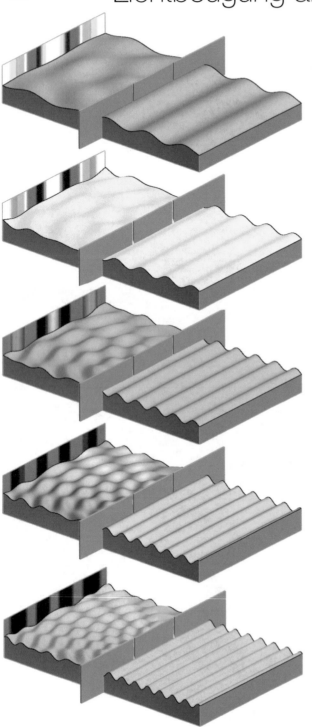

Die Wellentheorie des Lichts

Heute wissen wir: Licht ist Welle und Teilchen gleichzeitig. Ein Beweis für den Wellencharakter liefert das Doppelspaltexperiment: Schickt man z. B. einen Laserstrahl (Licht mit einheitlicher Wellenlänge) durch zwei schmale parallele Spalte – der Abstand der Spalte sollte nicht kleiner als die Wellenlänge des Lichts sein – kommt es auf einem Beobachtungsschirm in genügend großem Abstand zu Interferenzerscheinungen in Form einer Art „Strichcodes". Die Interferenzen sind die Folge von Beugung des Lichts an den beiden Spalten.

Je nach Wellenlänge …

… sind die Strichcodes verschieden und es kommt zu Überlagerungen. Die Bilderserie auf der linken Seite zeigt, wie bei abnehmender Wellenlänge – von rot, gelb, grün, blau und violett –, die Beugung immer detailliertere Wellenmuster erzeugt.

Da z. B. Sonnenlicht aus einem ganzen Spektrum solcher Wellenlängen besteht, wird das erzeugte Muster am Beobachtungsschirm immer komplexer. Im konkreten Fall wurde der Abstand der Spalte knapp größer als die Wellenlänge des roten Lichts gesetzt (700 Nanometer, also knapp weniger als einen tausendstel Millimeter).

Variation der Parameter

In den Bildern 1 und 3 auf der rechten Seite wurde für verschiedene Wellenlängen der Abstand des Doppelspalts vergrößert, was keine gravierenden Auswirkungen hat. In den Bildern 2 und 4 wurde der Abstand verkleinert, was u.U. kritisch ist: Bei großen Wellenlängen (rot) wird nämlich dadurch die Bedingung für die Interferenz unterschritten und man erkennt kein Muster mehr.

Ebenfalls kein Muster tritt auf, wenn man nur einen Spalt materialisiert (Bilder 5 und 6). Die restlichen beiden Bilder zeigen schließlich – bei zulässigem Abstand der Spalte – wie sich die Minima (Bild 7) und Maxima (Bild 8) der Wellenberge am Beobachtungsschirm manifestieren.

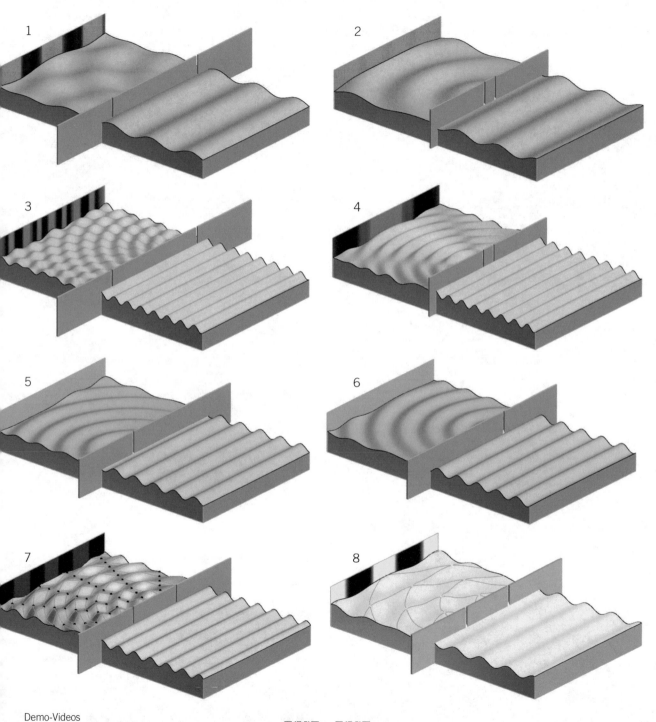

Demo-Videos
http://tethys.uni-ak.ac.at/cross-science/doppelspalt1.mp4
http://tethys.uni-ak.ac.at/cross-science/doppelspalt2.mp4

Irisierende und schillernde Oberflächen

Eine Seifenblase reflektiert die Umgebung, gleichzeitig treten eine Menge „Falschfarben" auf. Die
Antwort auf die Frage, was dahintersteckt, wird uns
letztendlich ermöglichen, die Farben einer Pfauenfeder (nächste Doppelseite) neu zu interpretieren.

Dünne Schichten die doppelt reflektieren

Betrachten wir das Bild rechts oben: Ein Heuschreck sitzt auf einer dünnen Glasplatte. Wir sehen nicht ein, sondern zwei Spiegelbilder. Warum? Trifft Licht, das sich durch die Luft bewegt, auf eine Trennschicht zu einem Medium, dessen Brechungsindex größer ist (hier: die Oberseite der Glasplatte), kommt es i. Allg. zu Zweierlei: Ein Teil des Lichts wird an der Trennschicht reflektiert, ein anderer Teil wird zum Lot gebrochen. Ist dieses Medium nur innerhalb einer dünnen Schicht vorhanden (hier: die Glasplatte ist vielleicht zwei Millimeter stark), kommt es auf der anderen Seite erneut zu einer Reflexion und einer Brechung (diesmal vom Lot, Bild Mitte rechts). Das an der Unterseite reflektierte Licht kommt nun zurück an die Oberseite der Schicht und wird zum Teil wieder (nach Brechung vom Lot) zurückgebrochen, wobei es parallel zum Licht, das an der Oberseite reflektiert wurde, austritt. Deswegen sehen wir zwei „parallele" Spiegelbilder.

Extrem dünne Schichten

Die Wände von Seifenblasen sind *extrem* dünne Schichten. Auch hier kommt es zum beschriebenen Effekt, aber die beiden Spiegelbilder unterscheiden sich nur marginal (deswegen erscheint die Spiegelung an der Seifenblase auf der linken Seite gestochen scharf). Wenn die Wandstärke der Seifenhaut etwas weniger als einen Mikrometer beträgt (also in etwa der Wellenlänge des Lichts entspricht), ist der Abstand der Spiegelbilder so gering, dass es zu Interferenzen der parallelen Lichtstrahlen kommt (das werden wir auf der nächsten Doppelseite genauer untersuchen).

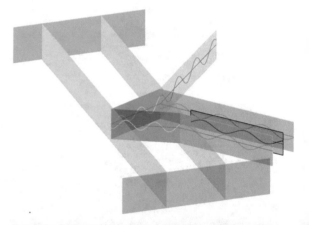

Die Wandstärke der Seifenblase ändert sich auf Grund der Schwerkraft ständig (bis die Seifenblase an der dünnsten Stelle platzt). Dementsprechend ändern sich die Interferenzen ständig. Zu dünne und zu dicke Seifenblasen erscheinen farblos.

Manchmal kommt es zu zusätzlichen Effekten

Das Foto rechts stammt aus einer Serie von Bildern, bei denen der Effekt nicht so klar zu sehen war: Im Überschneidungsbereich zweier Seifenblasen kommt es zu einer Verstärkung des Schiller-Effekts, der wohl dadurch hervorgerufen wird, dass die schillernde Blase im Hintergrund die doppelten Spiegelbilder noch durch die davor liegende Blase schicken muss. Diese Überlagerung dünner Schichten ist ebenfalls Thema der nächsten Doppelseite.

Demo-Video

http://tethys.uni-ak.ac.at/cross-science/bubbles.mp4

Prächtige Farben ohne Pigmente

Aus der Trickkiste der Natur

Manche Oberfläche im Tierreich sieht bunt schillernd aus. Dabei kann man zeigen: Nicht alle Farben stammen von Farbpigmenten. Manchmal handelt es sich um „Schillerfarben", ähnlich wie bei den Seifenblasen – wenn auch nicht selten noch „trickreicher".

Der weniger als einen Zentimeter kleine Prachtkäfer im linken Bild scheint seinen Namen durchaus verdient zu haben, erscheint er doch in strahlendem Grün, Gold und Rot. Findet man den Käfer aber in freier Natur auf einer Blüte oder einem Blatt, erscheint er zumeist unscheinbar einfärbig, ja fast schwarz. Erst das Blitzlicht des Fotoapparats zaubert die Farben dazu. Ganz ähnliches gilt für die bemerkenswerten Muster in den Augen der Rinderbremse (rechts unten). Die verschiedenen Arten erkennen sich untereinander an diesen Mustern. Manchmal sind die Muster sogar für den Menschen unsichtbar, weil im UV-Bereich.

Die Farben der Pfauenfedern

Im Unterschied dazu erscheinen die Farben der Pfauenfedern (links unten) relativ deutlich aus den meisten Blickwinkeln. Auf der rechten Seite wollen wir der Sache auf den Grund gehen.

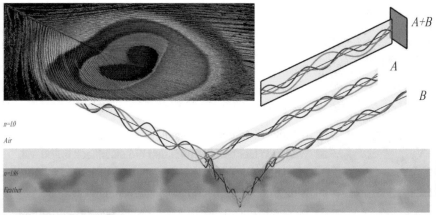

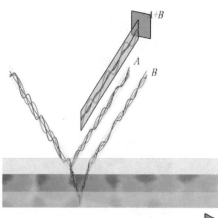

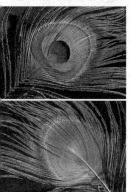

Überlagerte extrem dünne Schichten

Links oben: Wir fahren mit der Maus auf eine beliebige Stelle der eingeblendeten Pfauenfeder und sehen, wie mit mehreren überlagerten Nanoschichten unterschiedlicher Dicke durch Brechungen, Reflexionen, Variation des Einfallswinkels und anschließenden Interferenzen beim Lichtaustritt jede der aktuellen Farben erzeugt werden kann (Variationen dazu siehe Serie auf der rechten Seite).

Die Bilder links zeigen ein und dieselbe Pfauenfeder einmal von vorne und einmal von hinten.

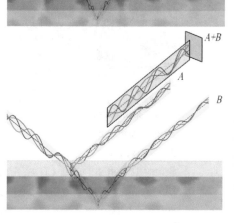

Bilder vom Rasterelektronenmikroskop (REM)

Die Bilder unten zeigen Aufnahmen eines REM von den Schuppen eines Flügels des berühmten blau-schimmernden Morpho-Falters. In extremer Vergrößerung (rechts) sieht man die Nanoschichten (Science Visualization, Univ. für angew. Kunst Wien: Rudolf Erlach, Alfred Vendl).

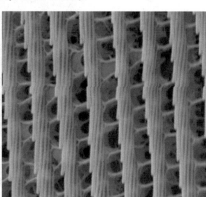

Demo-Video

http://tethys.uni-ak.ac.at/cross-science/peacock.mp4

Die spiegelnde CD

Schnell wechselnde Farbmuster

Jeder von uns hat sich schon einmal über die seltsamen Spiegelungen auf einer CD gewundert. Dabei fallen zwei Dinge auf: Erstens sind die Spiegelungen leuchtende Kurven, die blitzschnell ihre Positionen ändern (sich im Wesentlichen um den Mittelpunkt der CD drehen), und zweitens sieht man deutlich alle Regenbogenfarben. Mit den Spuren (eigentlich ist es nur eine Spur) kann es nichts zu tun haben: Der Effekt tritt auch bei Rohlingen auf.

Polycarbonat und Aluminiumschicht

Hier spielen einige Eigenschaften des Lichts zusammen – abgesehen von der bloßen Reflexion. Grob gesprochen handelt es sich um Interferenzerscheinungen. Die CD be-

steht im Wesentlichen aus dem Kunststoff Polycarbonat, der einseitig mit einer Aluminiumschicht bedampft wird (das Aluminium reflektiert den Laserstrahl, mit dem die Daten gelesen werden). Zum Schutz vor chemischen Reaktionen wird die Scheibe mit durchsichtigem Kunststoff geschützt.

Der komplizierte Strahlengang

Wenn ein Lichtstrahl durch den Kunststofflack treten will, reflektiert ein Teil davon an seiner Oberfläche. Der Rest wird an der Oberfläche abhängig vom Einfallswinkel gebrochen (und dabei in seine verschiedenen Farbanteile aufgefächert). An der gegenüberliegenden Oberfläche des Lacks bzw. spätestens an der Aluminiumschicht wird dann reflektiert, also „retour gebrochen" und der Strahl tritt parallel zum an der ersten Oberfläche gespiegelten Strahl ganz leicht versetzt aus.

Optisches Beugungsgitter

Zusätzlich kommt es zur Beugung der Lichtstrahlen, weil ein optisches Beugungsgitter (mehrere tausend Öffnungen pro Zentimeter) vorliegt. Der reflektierte und der nach Irrwegen ganz leicht parallel versetzte Lichtstrahl interferieren nun. Dies kann zu Verstärkungen, aber auch zum Auslöschen ganzer Farbanteile führen. Diesen Effekt kennen wir schon von den Pfauenfedern. Das Bild auf der rechten Seite wurde in einem Raum im obersten Stockwerk aufgenommen. Die Sonne scheint durch ein Fenster in einer schrägen Wand und beleuchtet eine Hälfte einer schräggestellten CD teilweise. Man könnte erwarten, dass nur die beleuchtete Hälfte der CD eine Reflexion an der schrägen Wand erzeugt. Tatsächlich wird die gesamte CD an der Wand reflektiert, aber die Reflexion ist perfekt in zwei Hälften aufgeteilt, die auch unterschiedlich aussehen.

Insbesondere das Bild rechts zeigt, wie hier komplizierte physikalische Zusammenhänge die theoretisch-geometrischen Überlegungen „überschreiben".

Demo-Video
http://tethys.uni-ak.ac.at/cross-science/cd-color-play.mp4

Demo-Video
http://tethys.uni-ak.ac.at/cross-science/cd-reflection-on-wall.mp4

Koboldmaki (*Tarsius spec.*)

Fotografie:
Überraschungen?

Linsensysteme

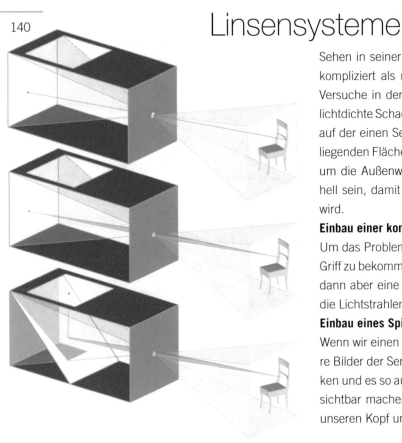

Sehen in seiner einfachsten Form ist eigentlich weniger kompliziert als man meinen möchte. Schon die ersten Versuche in der Fotografie zeigten, dass eigentlich eine lichtdichte Schachtel (Bilderserie links) genügt, in der sich auf der einen Seite ein kleines Loch, auf der gegenüberliegenden Fläche eine lichtempfindliche Schicht befindet, um die Außenwelt abzubilden. Es muss allerdings sehr hell sein, damit die Schicht auch ausreichend belichtet wird.

Einbau einer konvexen Sammellinse

Um das Problem mit der mangelnden Belichtung in den Griff zu bekommen, kann man das Loch vergrößern, muss dann aber eine Sammellinse in das Loch einbauen, um die Lichtstrahlen an der Rückwand zu bündeln.

Einbau eines Spiegels

Wenn wir einen Spiegel in die Schachtel einbauen (untere Bilder der Serie), können wir das erzeugte Bild umlenken und es so auf Wachspapier am Deckel der Schachtel sichtbar machen. (Dazu müssen wir die Schachtel und unseren Kopf unter ein dunkles Tuch stecken.)

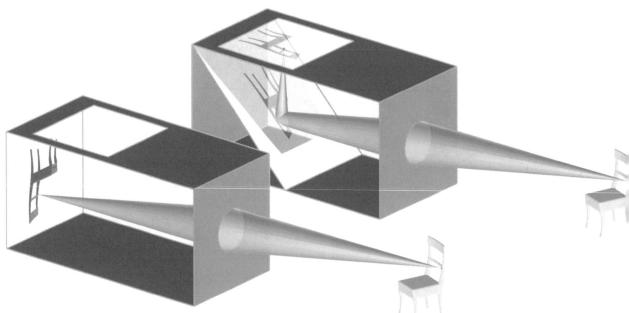

Demo-Videos
http://tethys.uni-ak.ac.at/cross-science/pinhole-camera.mp4

Inwieweit wird hier das einäugige Sehen simuliert?

Über lange Zeit war man davon überzeugt, dass die perspektivischen Bilder, die eine Lochkamera (und damit im Wesentlichen jede gewöhnliche Kamera oder auch der Konstrukteur) erzeugt, praktisch identisch sind mit jenem Bild, das wir uns – einäugig – von der dreidimensionalen Welt machen. Bis zu einem gewissen Grad stimmt das auch, aber wir wollen dennoch genauer hinsehen.

Linsensysteme statt einfacher Konvexlinsen

Das Bild oben rechts zeigt den komplizierten Strahlengang durch ein modernes Teleobjektiv: Die von einem weit entfernten Punkt P ausgehenden – nahezu parallelen – grün eingezeichneten Lichtstrahlen werden 20 Mal und öfter gebrochen, bis sie sich auf dem Chip zum Bildpunkt P^c vereinigen. Theoretisch kann man alle diese Strahlengänge durch einen einzigen, im Bild rot eingezeichneten, Strahl durch das Linsenzentrum Z ersetzen.

Die Blendenöffnung

Auch in der Fotografie haben wir das Problem, dass ausreichend Licht auf die Sensorebene gelangen muss. Dies wird durch die nahezu kreisförmige Blendenöffnung bewerkstelligt, die variiert werden kann (2. Bild rechts). Wie wir auf den nächsten Doppelseiten sehen werden, hat das Öffnen der Blende Vor- und Nachteile: Eine große

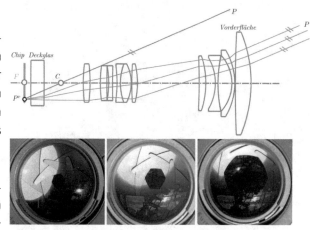

Blendenöffnung (kleine Blendenzahl) ermöglicht brilliante Details auf Kosten der Schärfentiefe, was in künstlerischen Aufnahmen bevorzugt wird. Kleine Blendenöffnungen hingegen ermöglichen – bis zu einer physikalischen Grenze – größere Schärfentiefe.

Auch das Linsenauge ist viel mehr als eine Lochkamera

Die Bilder unten illustrieren, wie nach der extremen Brechung an der Hornhaut die Linse im Auge das „Feintuning" übernimmt.

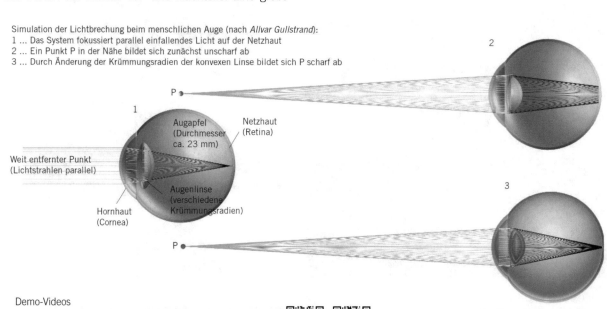

Simulation der Lichtbrechung beim menschlichen Auge (nach *Allvar Gullstrand*):
1 ... Das System fokussiert parallel einfallendes Licht auf die Netzhaut
2 ... Ein Punkt P in der Nähe bildet sich zunächst unscharf ab
3 ... Durch Änderung der Krümmungsradien der konvexen Linse bildet sich P scharf ab

Weit entfernter Punkt
(Lichtstrahlen parallel)

Augapfel
(Durchmesser
ca. 23 mm)

Netzhaut
(Retina)

Augenlinse
(verschiedene
Krümmungsradien)

Hornhaut
(Cornea)

Demo-Videos
http://tethys.uni-ak.ac.at/cross-science/paper-lens-shutter.mp4
http://tethys.uni-ak.ac.at/cross-science/gullstrand-eye.mp4

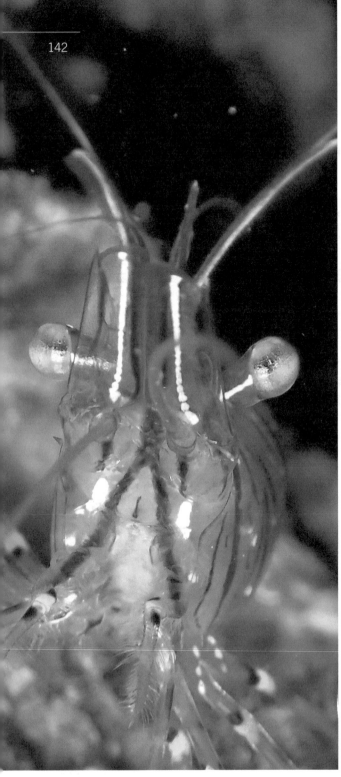

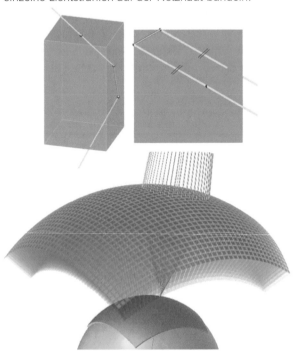

Drei Augentypen

Linsenaugen und Facettenaugen

Im Tierreich sind diese beiden Augentypen weit verbreitet. Insbesondere ist uns natürlich das Linsenauge vertraut (s. S. 138f.). Bei den wirbellosen Tieren sind es oft Facettenaugen (rechte Seite oben, wobei rechts eine Stielaugenfliege zu sehen ist), allerdings kommen durchaus auch Linsenaugen vor (rechte Seite unten). Beide Augentypen haben oft ein beachtliches Sehvermögen im Nahbereich, der ja für die Tiere relevant ist. Bei den Facettenaugen arbeiten oft mehrere Facetten wie eine Linse zusammen.

„Lobsteraugen"

Bemerkenswert, aus geometrischer Sicht, ist ein dritter Augentypus, welcher sich bei Lobstern und Garnelen durchgesetzt hat: Hier werden die eintreffenden Lichtstrahlen nicht durch Linsen, sondern durch Mehrfachspiegelung in verspiegelten prismatischen Facetten gebündelt. Das erste Video zeigt die Mehrfachspiegelung im Würfeleck, das zweite, wie ein Lichtstrahl durch ein einzelnes quadratisches Prisma geht und das dritte, wie Prismenanordnungen viele einzelne Lichtstrahlen auf der Netzhaut bündeln.

Demo-Videos
http://tethys.uni-ak.ac.at/cross-science/reflecting-corner.mp4
http://tethys.uni-ak.ac.at/cross-science/ray-through-single-prism.mp4

Elefanten- und Fliegenfotografie

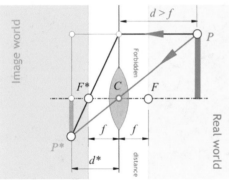

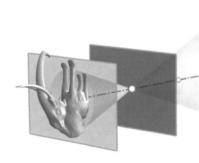

Fotografie erzeugt keine ebenen Bilder

Wenn über die fotografische Abbildung geschrieben wird, wird zumeist folgende Vereinfachung vorgenommen: Punkte im Raum werden aus dem Linsenzentrum auf eine Ebene (die Sensorebene) projiziert. Betrachtet man aber die Skizze links oben, in der die Linsengesetze berücksichtigt werden, sieht man sofort, dass nur Punkte, die von der „Hauptebene" durch das Linsenzentrum den gleichen Abstand haben, in einer Ebene „landen". Wendet man die Abbildung auf alle Punkte eines räumlichen Objekts an, entsteht hinter der Linse ein virtuelles dreidimensionales Objekt.

Fotografie eines großen Objekts

Die Brennweite einer Kamera bewegt sich zumeist im Zentimeterbereich. Fotografieren wir ein Objekt, das mehrere Meter entfernt und auch entsprechend groß ist („Elefantenfotografie"), dann wird das zugehörige virtuelle Objekt sehr flach ausfallen (siehe Bild rechts oben). Das hat zur Folge, dass das Objekt nahezu durchgehend scharf abgebildet werden kann.

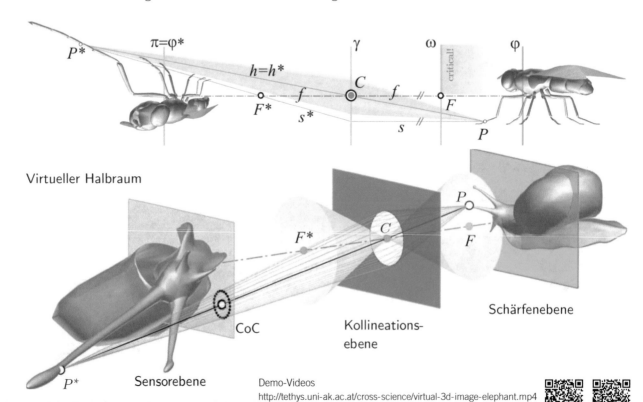

Demo-Videos
http://tethys.uni-ak.ac.at/cross-science/virtual-3d-image-elephant.mp4

Wenn die Objekte klein sind

Wenn wir kleine Objekte wie etwa eine Fliege oder Schnecke (linke Seite untere Bilder) mit einer Ausdehnung von wenigen Millimetern oder Zentimetern bildfüllend fotografieren, müssen wir nahe ans Objekt gehen. Das zugehörige virtuelle Objekt ist dann keineswegs mehr flach, was zur Folge hat, dass die allermeisten Punkte sich auf dem Sensor als unscharfe kreisförmige Scheiben abbilden (Unschärfekreis, engl. CoC = Circle of Confusion). Um diesen möglichst klein zu halten, kann man die Blendenöffnung verkleinern (abblenden). Allerdings darf die Blendenöffnung nicht zu klein werden, weil es sonst zu Beugungseffekten des Lichts kommt (Beugungsunschärfe).

Große Kamera, kleine Objekte

Die Bilder auf dieser Seite illustrieren das Problem anhand einer vergleichsweise riesigen Makrokamera (Brennweite 65 mm) mit einem Zangenblitz, mit der man Objekte von wenigen Millimetern Größe bildfüllend fotografieren kann. Die Blitze sind deshalb notwendig, weil sonst viel zu wenig Licht durch die kleine Blendenöffnung gelangen würde, um den Sensor zu belichten.

Annäherung an die „verbotene Ebene"

Das virtuelle 3D-Bild wird rasch größer, wenn wir uns jener Ebene nähern, die vor dem Linsenzentrum in einfacher Brennweite liegt. Befindet sich ein Objekt in der doppelten Brennweite vor dem Linsenzentrum, ist die Ausdehnung des virtuellen Bildes in Richtung der optischen Achse bereits vergleichbar mit jener des realen Objekts. Wenn das Objekt noch näher heranrückt, wird das virtuelle Bild rasch *sehr* groß, ab der einfachen Brennweite kann man das Bild überhaupt nicht mehr scharfstellen.

Das Problem mit der schwindenden Schärfentiefe ist offenbar nicht leicht in den Griff zu bekommen. Auf der nächsten Doppelseite wollen wir eine zumindest theoretische Lösung des Problems analysieren.

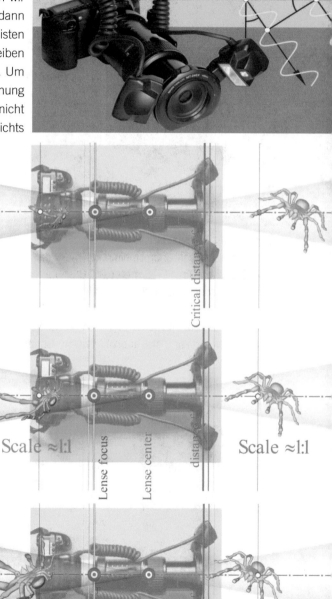

Demo-Video
http://tethys.uni-ak.ac.at/cross-science/virtual-3d-image-spider.mp4

Durchgehend scharfe Bilder?

Variation des Linsenzentrums

Oben: Zwei sich paarende Libellen, die mehrmals mit unterschiedlichen Objektivzentren (und Brennpunkten) fotografiert wurden. Das erste und das letzte Foto der Serie sind links zu sehen. Der Hintergrund bleibt weiterhin unscharf, was aus ästhetischer Sicht ein großer Vorteil ist. „Focus stacking" kann also auch als künstlerisches Mittel betrachtet werden.

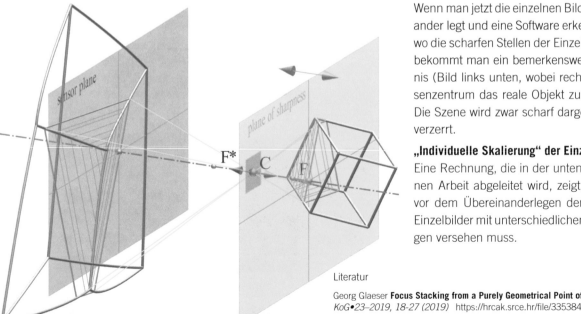

Nach den Ergebnissen der vorangegangenen Doppelseite könnte so ein Foto nicht von vorne bis hinten scharf sein. Aber es gibt einen Trick, der zumindest dann funktioniert, wenn die Insekten wenigstens eine Sekunde ruhig halten: Jetzt werden mehrere Fotos gemacht, bei denen – bei konstanter Brennweite – der Abstand des Linsenzentrums zum Objekt leicht variiert.

Die Schärfenebene tastet das Objekt ab

Wenn man jetzt die einzelnen Bilder übereinander legt und eine Software erkennen lässt, wo die scharfen Stellen der Einzelbilder sind, bekommt man ein bemerkenswertes Ergebnis (Bild links unten, wobei rechts vom Linsenzentrum das reale Objekt zu sehen ist): Die Szene wird zwar scharf dargestellt, aber verzerrt.

„Individuelle Skalierung" der Einzelbilder

Eine Rechnung, die in der unten angegebenen Arbeit abgeleitet wird, zeigt, dass man vor dem Übereinanderlegen der Bilder die Einzelbilder mit unterschiedlichen Skalierungen versehen muss.

Literatur

Georg Glaeser **Focus Stacking from a Purely Geometrical Point of View.**
KoG•23–2019, 18-27 (2019) https://hrcak.srce.hr/file/335384

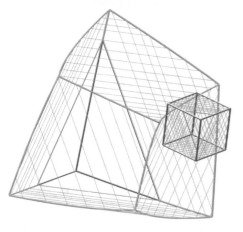

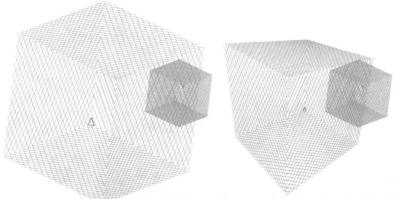

Je nach Skalierfaktoren …

Man kann verschiedene Serien von Skalierungsfaktoren verwenden. Dabei entstehen einmal – wie erwartet – perfekt scharfe Perspektiven (Bild oben rechts). Man kann aber auch Faktoren anwenden, die dann eine durchgehend scharfe Normalprojektion liefern. Das ist insofern außergewöhnlich, weil man solche Projektionen eigentlich mit einer Einzelfotografie nie erreichen kann: Selbst bei extrem starken Teleobjektiven treten perspektivische Verzerrungen auf. Der Vorteil von Normalprojektionen ist rein geometrisch enorm: Parallele Kanten bleiben parallel und werden alle gleich verkürzt. Das ermöglicht ein gutes Vermessen von kleinen Objekten.

Künstlerische Aspekte

Rechts wurden acht Bilder gestapelt (Blüte einer Heckenrose). Rechts unten wurden nur drei Fotos gestapelt, so dass nur wichtige Teile der Gottesanbeterin scharf erscheinen. Der unscharfe Hintergrund des gestapelten Fotos ist beabsichtigt.
Noch einmal: Das Objekt der Begierde muss sich zumindest so lange ruhig verhalten, bis die Einzelbilder abgespeichert sind.

Demo-Videos
http://tethys.uni-ak.ac.at/cross-science/focus-stacking1.mp4
http://tethys.uni-ak.ac.at/cross-science/focus-stacking2.mp4
http://tethys.uni-ak.ac.at/cross-science/focus-stacking3.mp4

Den Raum auf einer Kugel speichern

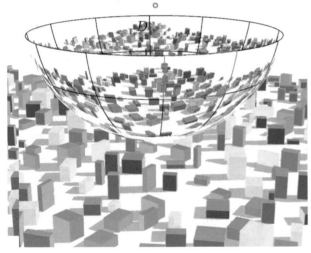

Systematisches Erfassen des gesamten Raums

Stellen Sie sich vor, Sie starten eine Drohne zu einem Punkt D (Bild links oben) und bleiben in dieser Position. Dort machen sie durch Rundum- und Auf-und Abschwenken gezielt eine genügend große Anzahl von Fotos (Bild rechts oben) – das können die heutigen Drohnen sehr gut. Nun denken Sie sich eine Kugel mit beliebigem Radius um den Punkt D (Bild Mitte links), projizieren alle Bildpunkte aus sämtlichen Bildpunkten auf diese Kugel. Viele Punkte werden dabei mehrfach vorgekommen sein, aber wir müssen jeden Punkt (als Pixel auf der Kugel) natürlich nur einmal speichern.

Betrachten mit einer VR-Brille (Virtual-Reality-Headset)

Nun lassen Sie sich das Ergebnis zu einem beliebigen späteren Zeitpunkt mit dem Computer in Zusammenwirkung mit einer VR-Brille vorführen. Dabei können Sie (ohne ihre Position zu ändern) den Kopf in jede Richtung schwenken, verdrehen oder sich sogar komplett im Kreis drehen. Dabei werden Sie werden *exakt* denselben Eindruck erhalten, den ein Beobachter an der Position D zu dem Zeitpunkt der Aufnahme hatte.

Realität wird uneingeschränkt vorgegaukelt

Es ist tatsächlich so, dass Sie optisch gar nicht unterscheiden können, ob Sie sich nun wirklich in Position D befinden oder nicht. Wenn die Hardware Ihres Computers auf solche Projektionen spezialisiert ist, funktioniert das Ganze in absoluter Echtzeit (Bild links unten).

Demo-Video
http://tethys.uni-ak.ac.at/cross-science/spherical-drone-view.mp4

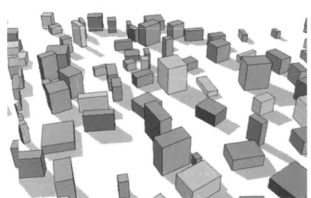

Der Praxistest

Um die Theorie zu verifizieren, wurde genau das Verfahren, das auf der linken Seite beschrieben wurde, in der Praxis durchgeführt: Eine Drohne wurde an eine fixe Stelle manövriert, es wurden etwa 30 Aufnahmen der Umgebung gemacht und pixelweise auf eine Kugel transformiert (Bilder oben). Weil sich die Bilder auf der Kugel überschneiden, wurden sie entlang von Groß- und Kleinkreisen der Kugel zugeschnitten (Bild links). Nun kann man sich wieder mittels einer VR-Brille (oder, wie beim entsprechenden Programm auch mit Maus oder Cursor-Tasten) „in die Drohne hineinversetzen" und die Welt von dort betrachten, ohne dass man optisch den Unterschied zur Realität bemerkt.

Wieso funktioniert das?

Zumindest einäugig können wir keine Entfernungen messen. Unser optisches System basiert auf Winkelmessung, und die stimmt in beiden Fällen überein. Bemerkenswert ist, dass wir sogar Geraden als Geraden erkennen. Diese bilden sich zunächst auf der Kugel als Segmente von Großkreisen ab, welche wiederum vom Kugelzentrum aus geradlinig erscheinen (vgl. Bild auf der linken Seite unten).

Demo-Videos

http://tethys.uni-ak.ac.at/cross-science/spherical-drone-view-reality.mp4
http://tethys.uni-ak.ac.at/cross-science/spherical-drone-view-reality2.mp4

Ein lästiger Effekt in der Hochgeschwindigkeitsfotografie

Der sogenannte Rolling-Shutter-Effekt ist ein Effekt, der in der Filmindustrie gut bekannt ist und bei Fotos oder Videoaufnahmen von sehr schnell bewegten Objekten auftreten kann. Die meisten Kameras können nicht gleichzeitig die gesamte Sensorfläche belichten; dort muss man sich vielmehr eine „Linie gleichzeitigen Belichtungsstarts" vorstellen, die entweder zeilenweise oder spaltenweise über das Element wandert, wofür sie eine zwar nur kurze, aber doch nicht zu vernachlässigende Zeit benötigt.

Kann man sich auf ein Foto verlassen?

Das schon fast künstlerisch anmutende Foto auf dieser Seite zeigt, was passieren kann, wenn z. B. ein abfliegender Bockkäfer (*Corymbia rubra*) trotz einer extrem kurzen Belichtungszeit (1/2500 s) fotografiert wird: Der Körper des Käfers selbst bewegt sich kaum, die Flügeldeckel im Verhältnis zum Körper schon deutlich schneller (sie

schwingen beim Fliegen mit!). Die Flügel selbst oszillieren hingegen mit hoher Relativgeschwindigkeit zum Körper.

Wie entsteht der Effekt?

Die Verschlusszeit der Kamera dauert bei den meisten Kameramodellen deutlich länger als die angegebene extrem kurze Zeit. Dadurch, dass der länger belichtete Sensor Zeile für Zeile ausgelesen wird und jedes Auslesen einer einzelnen Zeile nur einen Bruchteil der Verschlusszeit benötigt, ist die Belichtungszeit für die gerade bearbeitete Zeile entsprechend viel kürzer. Bis die Elektronik allerdings zur nächsten Zeile angelangt ist, ist eben diese (sehr kurze) Zeitspanne vergangen, und in der nächsten Zeile wird – wiederum extrem kurz belichtet – eine neue Situation ausgelesen: Hier haben z. B. die Flügel des Käfers bereits eine gewisse Wegstrecke durchmessen. So kommen die seltsamen Abbiegungen, Schleifen und Wischer zustande.

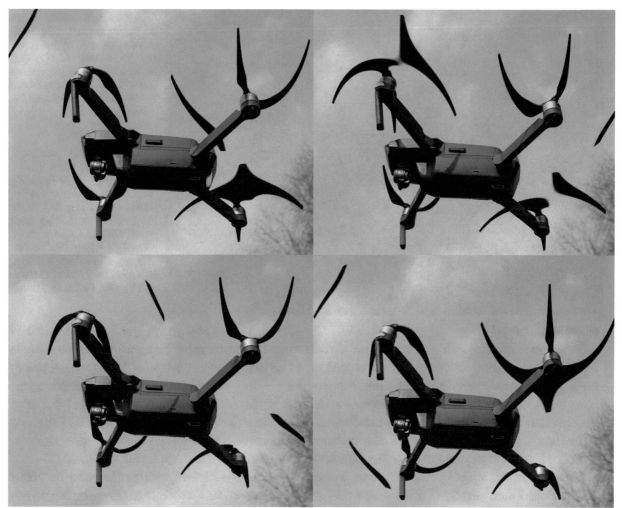

Oben: Eine Drohne steht über dem Betrachter und wird mit einer Verschlusszeit von $1/16\,000$-Sekunde zwanzigmal pro Sekunde in höchster Auflösung fotografiert. Dabei wurde die Kamera im Hochformat gehalten.

Unten: Vergleichbare Szene, gefilmt mit gleicher Belichtungszeit, 500 Bilder pro Sekunde, aber viel geringerer Auflösung und „fast globalem shutter".

Demo-Videos
http://tethys.uni-ak.ac.at/cross-science/drone-hd.mp4
http://tethys.uni-ak.ac.at/cross-science/drone-hispeed.mp4

Das Problem mit der Realitätsnähe

Beim Fliegen gilt eine Faustregel: Die Flügel müssen sich stets symmetrisch bewegen. Ist dies auf einem Foto auffällig nicht der Fall, kann man bereits einen Rolling-Shutter-Effekt mutmaßen.

Trotzdem gibt es immer wieder Totlagen, die dann realistische Bilder ermöglichen.

Für Interessierte hier noch einige Flügelschlag-Frequenzen:
Vögel: von 1 Hz bis 78 Hz (Große Geier, Amethyst-Kolibri).
Insekten: von 20 Hz bis 300 Hz (Wüstenheuschrecke *Schistocerca gregaria*, Bienen, Fliegen).
Kleinste Pilzmücken (Mycetophilidae): möglicherweise über 1000 Hz.
Fledertiere: von 7 Hz bis 18 Hz (Großer Flughund, Kleines Mausohr).

Bildfehler oder nicht?

Bildfehler sind nicht immer so offensichtlich wie auf der vorangegangenen Seite, auf der die Drohne abgebildet ist. Sie können so naturgetreu erscheinen, dass man versucht ist, sie für bare Münze zu nehmen. Gerade in der Hochgeschwindigkeitsfotografie sind vermeintlich realistische Bilder mit Vorsicht zu genießen! Es sollten bestimmte Tests durchgeführt werden, um zu prüfen, ob solche Bildfehler tatsächlich möglich sind. In der Bildserie oben links (6 Bilder) wurde ein Sperling mit vergleichsweise geringer Auflösung bei der Landung mit einer Hochge-

schwindigkeitskamera gefilmt (global shutter). Zum Vergleich sieht man einen Sperling beim Abflug oben rechts (4 Bilder), fotografiert mit hoher Auflösung. Die oberen zwei Bilder (rechte Seite) zeigen wegen der Schräglage des Vogels deutliche Rolling-Shutter-Effekte. Die unteren zwei Bilder (oben rechts) zeigen Totlagen der Flügel und sind kaum von Verzerrungen betroffen – die Flügel machen einen symmetrischen Eindruck.

Wegen der ungestörten Symmetrie dürfte auch der Abflug des Vogels in der Bildserie unten einigermaßen korrekt dargestellt sein.

Auswege aus dem Dilemma?

Um den Verzerrungseffekt zu reduzieren, kann man die Bildauflösung stark reduzieren. Filmt man z. B. statt in 4K (Auflösung 3840×2160) nur in HD (1920×1080), kann jedes Bild viermal so schnell abgespeichert werden, was die Verzerrungen schon deutlich verringert – wenn auch die Bilder nicht mehr so gestochen scharf sind (s. S. 151 unten).

Die andere Möglichkeit ist, tief in die Tasche zu greifen und eine Kamera zu erwerben, die einen „global shutter" hat: Hier werden alle Pixel gleichzeitig ausgelesen. Das ist technisch sehr schwer machbar und ist dementsprechend teuer.

Warum funktioniert es (meistens) mit Blitz?

Ein elektronischer Blitz belichtet eine Szene extrem kurz, nämlich Bruchteile einer Millisekunde (z. B. 20 Mikrosekunden). Wenn wenig Umgebungslicht vorhanden ist, funktioniert folgender Trick: Man blendet stark ab (Blendenöffnung klein) und belichtet z. B. eine relativ lange Zeitspanne von $1/200$-Sekunde. Das ist ein guter Zeitraum, um gezielt einen Blitz abzufeuern, egal ob am Anfang oder am Ende der Zeitspanne oder irgendwann da-

zwischen. Jetzt wird die gesamte Zeitspanne lang der Sensor belichtet, ohne dass ein Schlitz von oben nach unten bewegt wird. Wenn die Umgebung dunkel genug ist, wird der Sensor „die meiste Zeit" so gut wie gar nicht belichtet – außer in jener extrem kurzen Zeit, in der der Blitz die ganze Szene aufhellt. Man hat nun erfolgreich die Szene „eingefroren", ohne einen Schlitz verwenden zu müssen.

Blitzen bei starkem Umgebungslicht: Der Himmel erscheint blau, die schnell bewegten Flügel belichten während 1/200 Sekunde Bereiche des Sensors leicht, der Blitz belichtet den Sensor unverzerrt. Ohne Blitz wäre die Bremse völlig unterbelichtet und man würde die Interferenzerscheinungen in den Augen nicht sehen (s. S. 134).

Simulation durch den Computer

Ein passender Vergleich mit einem Scanner

Wenn ein Kopiergerät oder ein Scanner ein Bild speichert, bewegt sich ein stabförmiger Sensor im Gerät kontinuierlich von links nach rechts. In jeder Position tastet der Sensor einen sehr kleinen rechteckigen Teil des Bildes ab. Alle gescannten Zeilen werden schließlich zu einem endgültigen Bild zusammengesetzt. Normalerweise ist das gescannte Bild statisch, da der Scanner wie eine Kamera funktioniert.

Bewegung des eingescannten Objekts

Da der Scanvorgang eine Weile dauert, könnte man auf die Idee kommen, das Originalbild währenddessen zu bewegen. In der Abbildung oben Mitte und rechts wurden die Einbände von zwei Büchern während des Scanvorgangs schnell gedreht. Das Ergebnis ist recht bemerkenswert und hat nur mehr wenig mit dem Original zu tun. Im Bild oben rechts wurde das Original so schnell gedreht, dass einige Bereiche sogar mehrfach abgebildet sind (sehen Sie sich den Buchstaben „T" genauer an).

Simulation mit dem Computer

Die Bilderserie unten zeigt eine entsprechende Computersimulation mit frappanter Übereinstimmung: Ein Rechteck wird mit unterschiedlichen Winkelgeschwindigkeiten gedreht und eine Scan-Linie von oben nach unten gezogen. Alle Punkte des Rechtecks, die sich gerade in der Scan-Linie befinden, gehören zum endgültigen Bild. Die Rotationsgeschwindigkeit entscheidet über die Verzerrungen.

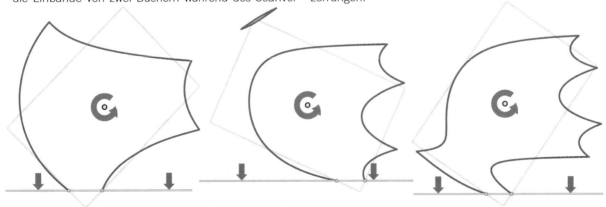

Demo-Video

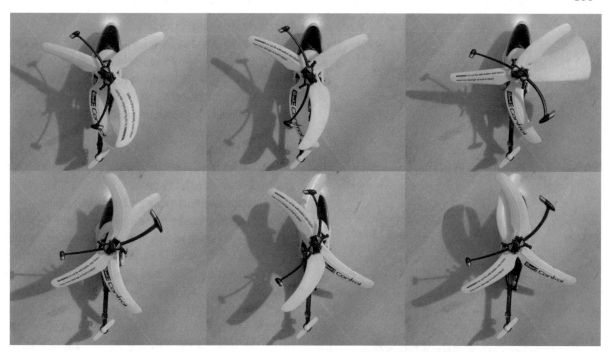

Simulation der Rotorblätter eines Hubschraubers

Als weiteres reales Anwendungsbeispiel wurden mehrere Fotos von einem Miniaturhubschrauber in der Größe einer Riesenlibelle und mit sehr schnell rotierenden Rotorblättern gemacht. Obwohl die Bilder mit einer extrem kurzen Belichtungszeit von $1/32000$ s aufgenommen wurden, erscheinen die Rotorblätter, die eigentlich symmetrisch und nicht gekrümmt sind, verzerrt! (Im Gegensatz dazu sind die Beschriftungen auf den Rotorblättern deutlich zu lesen.) Die Computersimulation illustriert den Vorgang bzw. das Ergebnis.

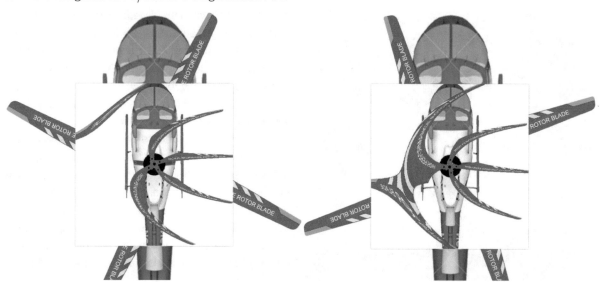

Demo-Video

Zielfotos – wenn es um viel geht …

Irgendwas ist beim Foto anders …

Betrachten wir zunächst ein berühmtes Zielfoto aus dem Jahr 1953 (der Fotograf ist unbekannt): Es geht um den Zieleinlauf der drei abgebildeten Gespanne. Es wurde natürlich analog fotografiert. Trotzdem ist das Bild kein normales Foto, was man daran erkennt, dass beim untersten Gespann das kreisförmige Rad „falsch" dargestellt ist – auch die Länge des untersten Gespanns ist auffällig kürzer (wir werden später sehen, dass es beim Zieleinlauf die größte Geschwindigkeit hatte).

Eine Zielfotokamera ist keine gewöhnliche Kamera

Bei einer klassischen Zielfotokamera wird der Film hinter einem feststehenden mittig zentrierten lotrechten Schlitzverschluss mit einer gewissen Geschwindigkeit entlang bewegt. Durch den Schlitz ist genau die Ziellinie zu sehen, wodurch genau dieser Bereich *zu verschiedenen Zeiten* (photochemisch) belichtet wird. Ein Zielfoto ist also nicht die Aufnahme einer momentanen Situation, sondern zeigt durch die Entfernung von der Ziellinie an, zu welchem Zeitpunkt ein Punkt die Ziellinie passiert hat. Die Entscheidung ließ übrigens in den Anfängen des Fotofinish einige Zeit auf sich warten, da das Negativ erst entwickelt werden musste.

Zieleinlauf bei Laufwettbewerben

Das untere Bild zeigt eine realistische Illustration eines Zieleinlaufs bei einem Sprintwettbewerb (Markus Roskar). Man möchte meinen, dass irgendetwas bei diesem „Foto" nicht stimmt. Aber es ist eben kein Foto im klassischen Sinn, sondern es werden Körper bzw. Körperteile erst genau dann abgebildet, wenn sie über die Ziellinie kommen. Danach werden sie – proportional zur Zeit, die vergangen ist, nach links versetzt.

Betrachten Sie insbesondere die Unterschenkel der beiden unteren Läufer. Sie kommen offenbar – verglichen mit dem restlichen Körper – vergleichsweise später über die Ziellinie. Weil die scheinbar zurückfallenden Fersen genau auf der Ziellinie fotografiert wurden, kann man daraus schließen, dass die Läufer mit dem entsprechenden Fuß genau auf dieser Linie aufgesetzt haben und dementsprechend Fersen und Unterschenkel länger dort „haften blieben".

Interessantes Video

Spannender geht es nicht

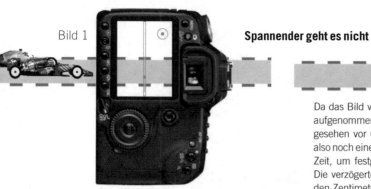

Bild 1

Zwei Rennautos Grün (G) und Rot (R) rasen über die Ziellinie. Die Zielfoto-Kamera nimmt (im Hochformat) nur die Mittellinie = Ziellinie auf. Die Pixel werden von unten nach oben im Bruchteil einer Millisekunde registriert. Bild 1 und Bild 2: Die Autos haben die Ziellinie noch nicht erreicht – nichts wird aufgezeichnet. G holt aber offenbar auf.

Bild 2

Bild 3 bringt bereits die Entscheidung, obwohl das Zielfoto nur zu einem kleinen Teil entstanden ist. G scheint um einen Zentimeter voran zu liegen. Während in den Bildern 4, 5 und 6 das Zielfoto vervollständigt wird, fragen wir uns: Hat G wirklich gewonnen?

Bild 3

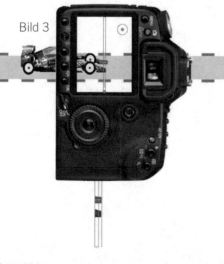

Bild 4

Da das Bild von unten nach oben aufgenommen wird, wird R zeitlich gesehen vor G registriert. G hatte also noch eine Mikrosekunde mehr Zeit, um festgehalten zu werden. Die verzögerte Aufnahme, könnte den Zentimeter Vorsprung bewirkt haben (bei 100 m/s bewegt sich ein Auto in einer Millisekunde immerhin 10 cm, in einer Mikrosekunde allerdings nur 0,1 mm).

Bild 5

Bild 6

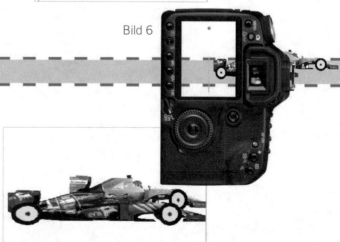

Demo-Video

Luft und Wasser: Fluide!

G. Glaeser und F. Gruber, *Geometrie, Physik und Biologie erleben*,
https://doi.org/10.1007/978-3-662-67724-7_12

Von Wind- und Regenmessern

Eine Skizze Leonardo da Vincis war die Motivation, einen Windmesser zu simulieren.

Partikelmethode bei Fluiden

Das Ausprogrammieren der Idee erwies sich als sehr nützlich – das Programm arbeitet mit der „Partikelmethode": Die Luft (allgemeiner: ein Fluid) wird durch abertausende Partikel simuliert, die an Widerstände anstoßen können und dabei Kräfte übertragen bzw. selbst reflektiert werden (siehe dazu auch S. 162).

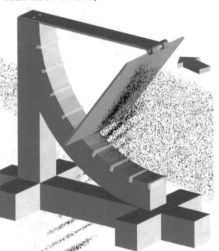

Die Anzeige steigt nicht linear

Die Skala auf dem Windmesser darf natürlich nicht linear beschriftet werden: Selbst bei großen Windstärken (Bild unten) wird das bewegliche Messblatt nur annähernd waagrecht weggedrückt.

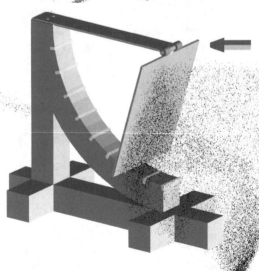

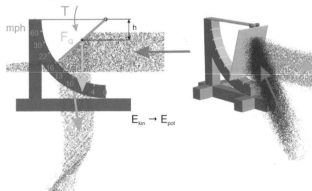

$$E_{kin} \rightarrow E_{pot}$$

Demo-Video
http://tethys.uni-ak.ac.at/cross-science/speed-of-wind.mp4

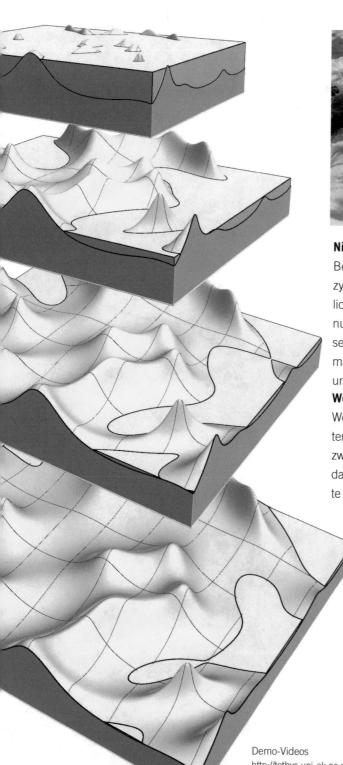

Nicht lineare Skalen

Betrachten wir den Regenmesser rechts unten: Er ist nicht zylindrisch sondern verjüngt sich nach unten hin. Zusätzlich kommt im Inneren noch ein Kegel dazu. Wenn wir nun die entsprechende Skala unter die Lupe nehmen, sehen wir, dass die Messstriche natürlich nicht gleichmäßig zunehmen. Ähnliches müssen wir bei Flussbetten und sogar ganzen Landschaften erwarten.

Wenn der Wasserpegel sinkt

Wenn ein See durchschnittlich vier Meter tief ist und sein Wasserspiegel um zwei Meter sinkt, so wird es so sein, dass er schon deutlich mehr als die Hälfte seines Volumens verloren hat.

Wäre der Untergrund des Sees ein Kegel, dann wäre überhaupt nur mehr $1/8$ der Wassermenge vorhanden. Die Bilderserie links illustriert den Austrocknungsvorgang bei sinkendem Wasserstand. Man könnte es auch als das Bild einer Landschaft deuten, die von einem schmelzenden Gletscher bedeckt war (siehe auch das Foto rechts oben).

Demo-Videos
http://tethys.uni-ak.ac.at/cross-science/evaporate1.mp4
http://tethys.uni-ak.ac.at/cross-science/evaporate2.mp4

Windräder und Wasserspiralen

Nochmals: Partikelmethode bei Fluiden

Auf S. 160s haben wir schon gesehen, dass die Partikelmethode ausgezeichnet geeignet ist, um Simulationen von strömungstechnischen Situationen zu machen. Jedes von tausenden Partikeln wird nachverfolgt und die erfolgten Kraftübertragungen werden aufsummiert. Die Komplexität der Situation beeinflusst die Rechenzeit nur marginal.

Im konkreten Fall wurde eine Art Windrad simuliert, bei dem man mehrere Parameter adjustieren kann: Anzahl der Flügel, Reibungswiderstand des Rads, Anströmgeschwindigkeit und Position der Düse. Es zeigt sich, dass solche Simulationen durchaus praxistauglich sind.

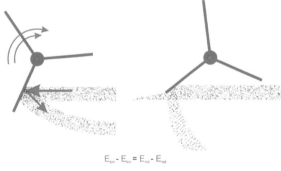

$$E_{kin} - E_{kin} = E_{rot} - E_{rot}$$

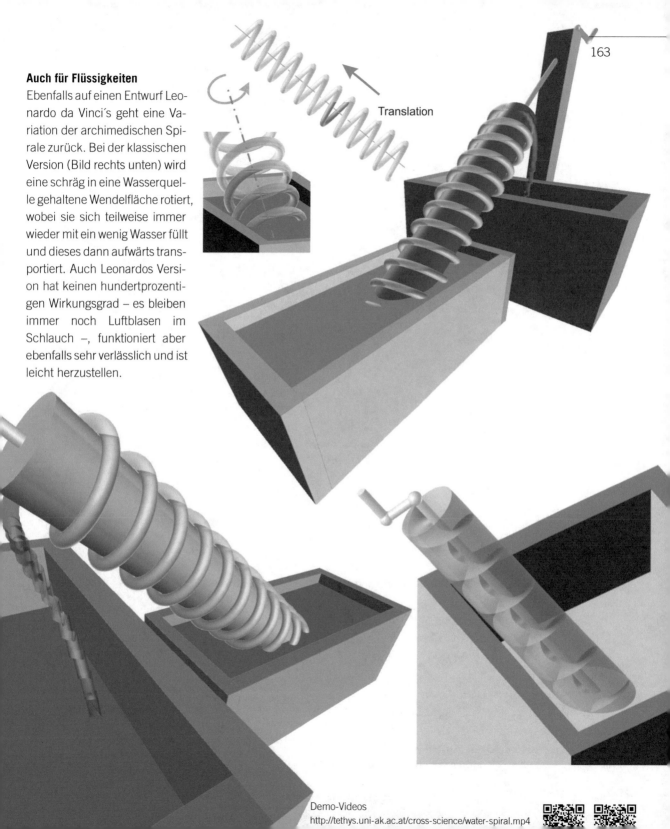

Auch für Flüssigkeiten

Ebenfalls auf einen Entwurf Leonardo da Vinci´s geht eine Variation der archimedischen Spirale zurück. Bei der klassischen Version (Bild rechts unten) wird eine schräg in eine Wasserquelle gehaltene Wendelfläche rotiert, wobei sie sich teilweise immer wieder mit ein wenig Wasser füllt und dieses dann aufwärts transportiert. Auch Leonardos Version hat keinen hundertprozentigen Wirkungsgrad – es bleiben immer noch Luftblasen im Schlauch –, funktioniert aber ebenfalls sehr verlässlich und ist leicht herzustellen.

Translation

163

Demo-Videos
http://tethys.uni-ak.ac.at/cross-science/water-spiral.mp4

Kinetische Skulpturen

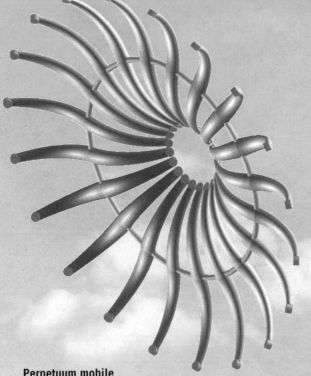

Perpetuum mobile

Der amerikanische „kinetische Bildhauer" Anthony Howe schafft windgetriebene Skulpturen, die man gut mit dem Computer entwerfen kann. Bekannt ist die kinetische Skulptur, die er für die Olympischen Sommerspiele 2016 in Rio, Brasilien, entwarf.

Assoziationen

Bei den Bildern auf dieser Seite denkt man unwillkürlich an Blüten oder – als Taucher fast noch mehr – an Anemonen in der Meeresströmung. Auf der rechten Seite scheint die Bewegung komplizierter, dennoch handelt es sich bei den Bewegungen der einzelnen Rippen nur um einfache Drehungen um Tangenten an den zentralen Kreis. Die im zweiten Video (aufgenommen in St. Johann im Pongau / Salzburg) gefilmte Bewegung ist eine deutlich komplexere sphärische Raumbewegung (Überlagerung von bis zu drei Drehungen mit schneidenden Achsen).

Demo-Videos

http://tethys.uni-ak.ac.at/cross-science/anthony-howe.mp4

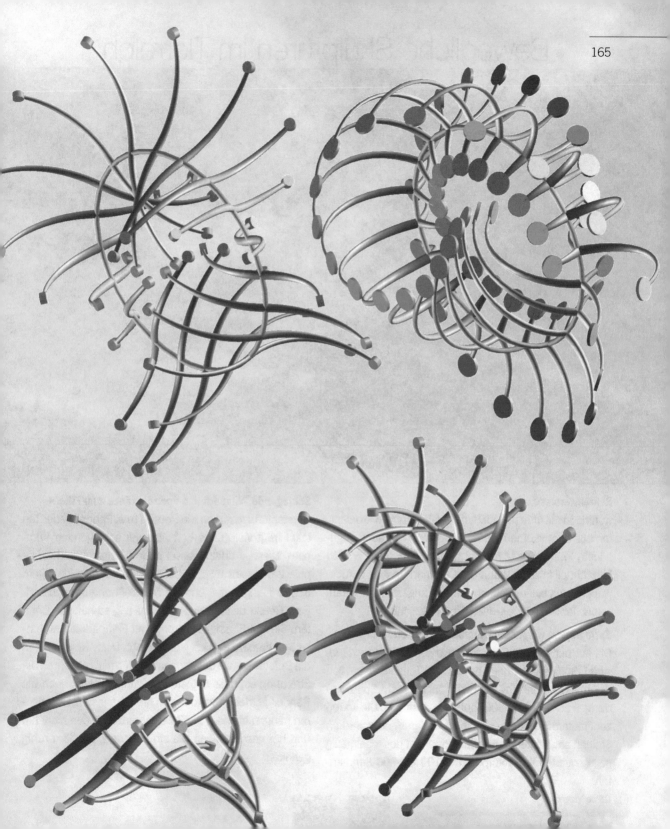

Röhrenwürmer …

… fangen mit ihrer gefiederten Tentakelkrone Mikroplankton aus dem strömenden Wasser. Wenn der oben abgebildete Wurm *Serpula* dabei gestört wird, zieht er sich blitzschnell in seine Wohnröhre aus hartem Kalk zurück, wobei er mit einem Deckel – einem umgestalteten Strahl seiner Tentakelkrone – seine Röhre verschließt.

Spirographis wiegt seine Tentakel in der Strömung

Die auf der rechten Seite abgebildete Gattung *Spirographis* („Spiralenzeichner") besitzt zwei Tentakelträger, von denen einer recht lang ist und in fünf bis sechs Spiralwindungen etwa 200 bis 300 Tentakeln abstreckt. Die knapp zentimeterdicke Röhre steckt im Schlamm oder wird an Steinen angeheftet; in ihr steckt der Rest des regelmäßig segmentierten Wurmkörpers mit 100 bis 300 Segmenten.

Demo-Videos

http://tethys.uni-ak.ac.at/cross-science/tubeworm.mp4

http://tethys.uni-ak.ac.at/cross-science/spirographis.mp4

Schlagende Wimpern und Borstenkränze zum Filtern

Borstenkränze wirken wie Reusen bzw. Paddel. Jeder Tentakel trägt viele feine Fortsätze mit schlagenden Wimpern. Diese strudeln Wasser in den Tentakeltrichter. Dabei werden feinste Schwebeteile aussortiert, in klebrigem Schleim eingebettet und zur Mundöffnung transportiert. Eine Reuse besteht aus nicht zu eng stehenden Borsten. Sie soll Flüssigkeitsströme mit Feinpartikeln durchlassen, gröbere Partikel jedoch nicht. Diese Rolle erfüllen die Borstenkränze der genannten Würmer. Sie führen die Strömung so, dass mitgeführte Plankton-Partikel an die Ränder getrieben werden, wo sie an feinsten Fanghaaren hängen bleiben. Die Borstenkränze werden nicht hin und her geschwungen wie ein Fangnetz, sondern ruhig gehalten.

Abtropfen

Kohäsion vs. Gravitation

Wenn sich ein Wassertröpfchen ansammelt (etwa Tau im Spinnennetz, siehe rechte Seite links oben), halten die Wassermoleküle wegen der Kohäsion bis zu einer gewissen Größe so sehr zusammen, dass sich kleine Kügelchen bilden (die Kohäsion ist für die Oberflächenspannung verantwortlich). Auf einem Blatt (rechte Seite, zweites Bild links oben) vereinigen sich solche Tröpfchen dann wegen der Schräglage zu größeren – ebenfalls noch stabilen – Tröpfchen.

Werden – wie bei einem tropfenden Wasserhahn – immer mehr Moleküle zugeführt, reicht die Kohäsion nicht mehr aus und ein Tropfen reißt ab, der sich aber – nun ja schwerelos – sofort wieder annähernd zu einer Kugel formt. Die vermutete „Tränenform" ist bei Hochgeschwindigkeitsaufnahmen nicht erkenntlich.

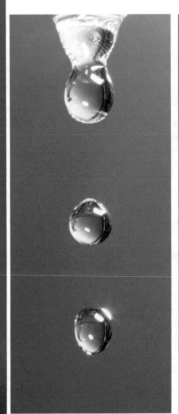

Demo-Videos
http://tethys.uni-ak.ac.at/cross-science/water-droplet.mp4

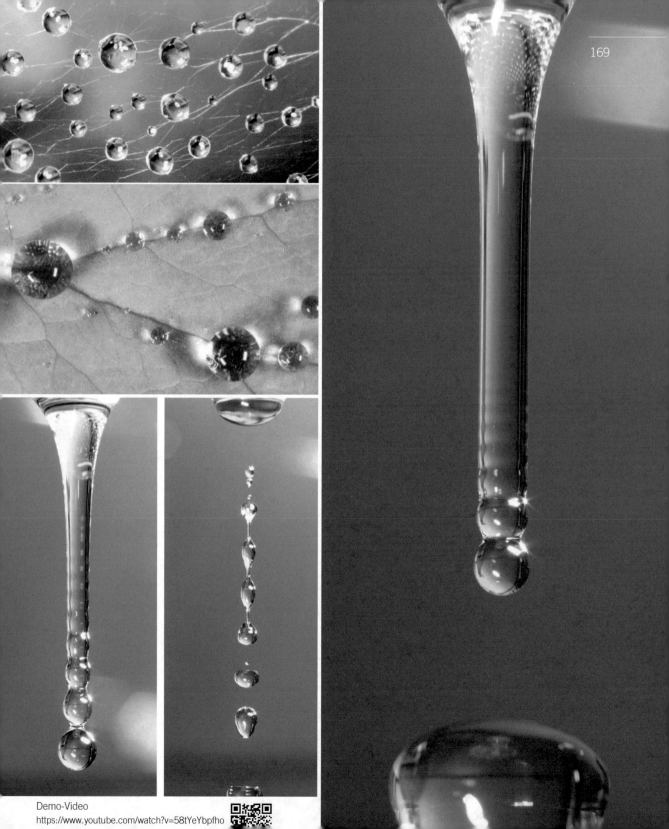

Demo-Video
https://www.youtube.com/watch?v=58tYeYbpfho

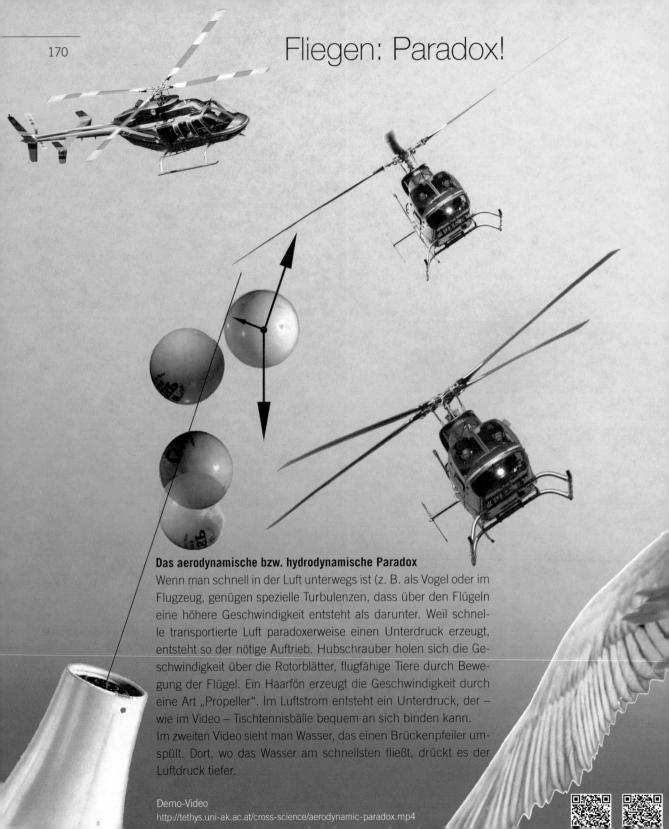

Fliegen: Paradox!

Das aerodynamische bzw. hydrodynamische Paradox

Wenn man schnell in der Luft unterwegs ist (z. B. als Vogel oder im Flugzeug, genügen spezielle Turbulenzen, dass über den Flügeln eine höhere Geschwindigkeit entsteht als darunter. Weil schnelle transportierte Luft paradoxerweise einen Unterdruck erzeugt, entsteht so der nötige Auftrieb. Hubschrauber holen sich die Geschwindigkeit über die Rotorblätter, flugfähige Tiere durch Bewegung der Flügel. Ein Haarfön erzeugt die Geschwindigkeit durch eine Art „Propeller". Im Luftstrom entsteht ein Unterdruck, der – wie im Video – Tischtennisbälle bequem an sich binden kann.
Im zweiten Video sieht man Wasser, das einen Brückenpfeiler umspült. Dort, wo das Wasser am schnellsten fließt, drückt es der Luftdruck tiefer.

Demo-Video
http://tethys.uni-ak.ac.at/cross-science/aerodynamic-paradox.mp4

Fliegen im Rüttelflug und unter Wasser

Flugfähige Tiere wie Vögel, Fledermäuse und Insekten beherrschen den Trick, wie man die Flügel verdrehen und verwinden muss, um möglichst viel Auftrieb zu erzeugen. Man betrachte dazu die beiden Videos (das zweite zeigt, wie ein Pinguin im Wasser „fliegt").

Die Sache mit dem „Auftrieb"

Ein klassiches Paradoxon

Ein Paradoxon ist ein vermeintlicher Widerspruch, der sich bei näherer Betrachtung jedoch auflöst. Speziell wollen wir hier das aerodynamische bzw. hydrodynamische Paradoxon betrachten. Schwere Objekte können unter Umständen fliegen oder schwimmen.

Bevor wir näher in der nächsten Doppelseite darauf eingehen: Ein Flugzeug muss sich zum Fliegen sehr schnell fortbewegen, bei einem großen Hai, der schwerer als Wasser ist, genügt ein sanftes Dahingleiten. Ein Hubschrauber (oder auch eine Drohne) muss die Rotoren schnell drehen, kann dafür aber in der Luft stillstehen oder gar seitwärts oder rückwärts fliegen, indem der Flugkörper seine Neigung ändert, sodass der „Auftrieb" seitwärts oder rückwärts erfolgt.

Demo-Video
http://tethys.uni-ak.ac.at/cross-science/longimanus.mp4

Kolibris haben etwas „Insektenartiges"

Sie können problemlos statisch in der Luft verharren und auch in alle Richtungen davonfliegen. Den, durch die schnell bewegten Flügel (um die 50-80 Schläge pro Sekunde), erzeugten „Auftrieb" lenken sie durch Neigung des Körpers sowie durch ihre flexiblen Schwanzfedern in die richtige Richtung. Eine ähnliche Strategie findet man bei Insekten. Vor allem bei Schmetterlingen aus der Familie der Schwärmer. Generell werden die Flugleistungen umso akrobatischer, je kleiner die Tiere sind (wobei sich die Frequenz erhöht).

Seitkraft, Hubkraft und Schub

Ohne jetzt im Detail auf die diversen Kräfteparallelogramme einzugehen – diese werden z. B. in der „Evolution des Fliegens" (s.u.) erklärt: Die Widerstandskraft F_W des Flügels erzeugt eine Seitkraft F_A senkrecht zur Anströmungsrichtung (etwas missverständlich als „Auftrieb" bezeichnet, obwohl die Kraft keineswegs immer nach oben zeigt) und damit zwei förderliche Kräfte, die Hubkraft F_H und eine vorwärts treibende Komponente F_V, den Vortrieb oder Schub. Die meisten Schlagstellungen erzeugen solche förderlichen Komponenten. Beim Kolibri verschwindet beim Schwirrflug die treibende Komponente.

Leonardos Traum vom Fliegen

Vogel oder Fledermaus als Vorbild?

Leonardos Flugmaschine ist weltberühmt. Schon als Knabe beobachtete er, wie Vögel ihre Flügel beim Aufwärtsschwung spreizen und in der Abwärtsbewegung anlegen. Obwohl seine Flugmaschine stark an Fledermäuse erinnert, nannte er seine Maschine den „großen Vogel". In den beiden angegebenen Videos erkennt man tatsächlich Parallelen zum Flug eines Geiers.

Ist das Modell flugfähig?

Leonardo wusste viel über Luftwiderstände und die Auftriebskraft der Luftschraube. Seine Flugmaschine hätte von menschlicher Muskelkraft betrieben werden sollen, was wohl schwer möglich gewesen wäre. Die vorgesehenen Seilzüge erwiesen sich aber als korrekt. Kurzfristig hätte sich der Flugapparat wohl in der Luft gehalten …

Demo-Video
http://tethys.uni-ak.ac.at/cross-science/vulture-flight.mp4

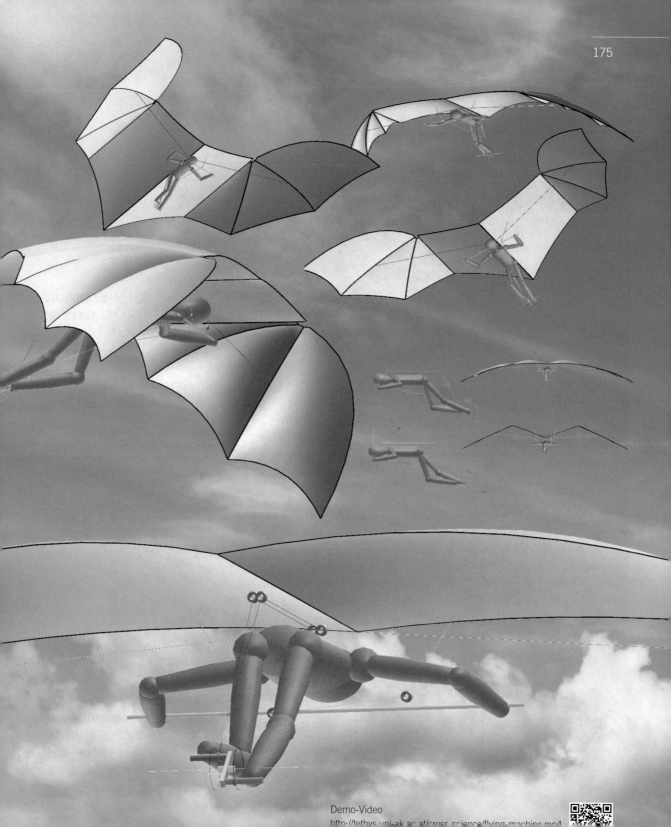

Demo-Video
http://tethys.uni-ak.ac.at/cross_science/flying_machine.mp4

Flügelverwindung

Schon beim Abflug

Die Schneeeule verwindet die Flügel schon beim Abflug. Die Flügelteile, die weiter außen liegen, haben eine deutlich höhere Eigengeschwindigkeit.

Aufrichtende Drehmomente

Die Schräglage des Körpers wird durch aufrichtende Drehmomente (in der Skizze rot eingezeichnet) sofort ausgeglichen.

Verdrehte Profile

Damit die Auftriebswirkung optimal ist, müssen die Tragflügelprofile verdreht sein (siehe rechte Seite). Die Handzeichnungen stammen von Markus Roskar.

Demo-Video
http://tethys.uni-ak.ac.at/cross-science/vulture-flight.mp4

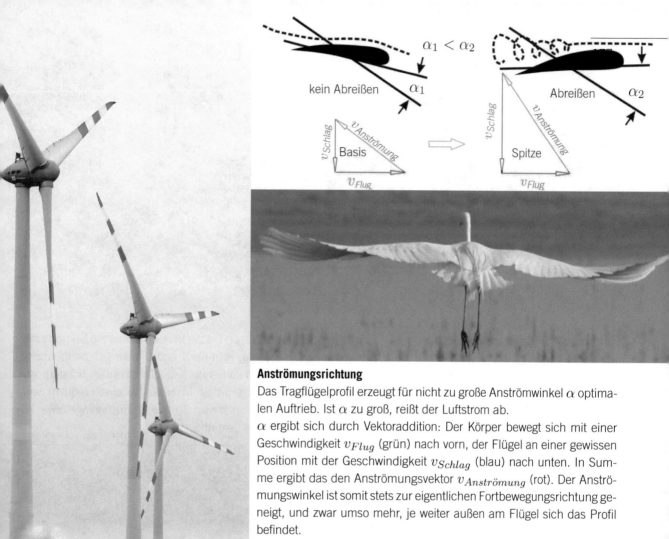

$\alpha_1 < \alpha_2$

kein Abreißen $\quad \alpha_1$

Abreißen $\quad \alpha_2$

v_{Schlag} $\quad v_{Anströmung}$ Basis $\quad$ v_{Schlag} $\quad v_{Anströmung}$ Spitze

v_{Flug} $\qquad\qquad$ v_{Flug}

Anströmungsrichtung

Das Tragflügelprofil erzeugt für nicht zu große Anströmwinkel α optimalen Auftrieb. Ist α zu groß, reißt der Luftstrom ab.

α ergibt sich durch Vektoraddition: Der Körper bewegt sich mit einer Geschwindigkeit v_{Flug} (grün) nach vorn, der Flügel an einer gewissen Position mit der Geschwindigkeit v_{Schlag} (blau) nach unten. In Summe ergibt das den Anströmungsvektor $v_{Anströmung}$ (rot). Der Anströmungswinkel ist somit stets zur eigentlichen Fortbewegungsrichtung geneigt, und zwar umso mehr, je weiter außen am Flügel sich das Profil befindet.

Rotorblätter eines Windrads bzw. eines Hubschraubers ...

... haben aus den erwähnten Gründen auch ein verdrehtes bzw. verdrehbares Profil. Der Hubschrauber in den Bildern unten macht ein spektakuläres Manöver. Mit Hilfe einer komplizierten Vorrichtung (unten rechts) kann er verhindern, dass der Luftstrom abreißt.

Demo-Video

Fliegen wie in Leichtöl

Die absolute Größe ist entscheidend

Es ist keineswegs gleichgültig, ob Flügel, die in Luft schwingen, klein oder groß sind. Für kleine Insekten ist ein verkleinerter Vogelflügel unbrauchbar: Für sie erscheint Luft als relativ zähes Medium etwa von Leichtölcharakter.

Fliegen schlagen bis zu dreihundertmal pro Sekunde mit ihren Flügeln, Hummeln und Bienen gut zweihundertmal, Wespen immer noch deutlich mehr als hundertmal. Der oben abgebildete Maikäfer hat eine Frequenz von 50-60, Libellen knapp 30 und Schmetterlinge etwa 10 Schlägen pro Sekunde.

Demo-Videos
http://tethys.uni-ak.ac.at/cross-science/bee-flying-off.mp4
http://tethys.uni-ak.ac.at/cross-science/wasp-competition.mp4
http://tethys.uni-ak.ac.at/cross-science/hornet-attack.mp4

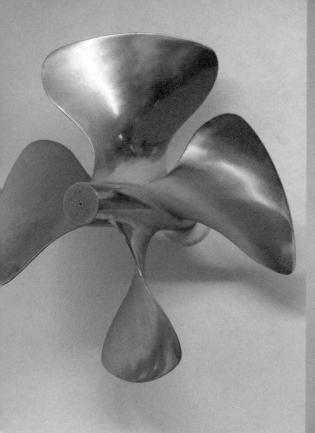

Die Assoziation zur Schiffsschraube …

… ist nicht weit hergeholt. Insekten verdrehen ihre Flügel je nach Fluggeschwindigkeit und Schlagfrequenz, sind allerdings noch viel flexibler. Jedenfalls bewegen sich die Flügel selbst bei hohen Frequenzen keineswegs nur auf und ab bzw. im Schwirrflug vor und zurück. Entsprechende Experimente fanden – bei entsprechender Vergrößerung und drastischer Reduzierung der Frequenz – tatsächlich in Ölbädern statt.

Messung der Frequenz

Mit Hochgeschwindigkeitskameras kann man die Frequenz gut messen. Die Serienaufnahme der Fliege auf der linken Seite oben wurde mit 1000 Bildern pro Sekunde gemacht. Nach etwa drei Bildern stellt sich ein vergleichbarer Totpunkt ein, was auf eine Frequenz von gut 300 Schlägen schließen lässt.

Demo-Videos
http://tethys.uni-ak.ac.at/cross-science/dragonfly-starting.mp4

Start- und Landehilfe

Zum Fliegen braucht man eine Mindestgeschwindigkeit

Flugzeuge holen sich diese Geschwindigkeit durch Beschleunigung auf der Piste, Hubschrauber holen sie sich durch schnelle Rotation, Tiere durch Flügelschlag, dessen Frequenz von der Größe abhängt: Je größer das Tier, desto niedriger die Frequenz – bei trotzdem hoher Absolutgeschwindigkeit an den Flügelspitzen. Kleinere Insekten holen sich die Geschwindigkeit durch extrem hohe Frequenz (erstes Video). Kleinere Vögel schaffen unter extremem Kraftaufwand den direkten Abflug nach oben (zweites Video).

Abspringen macht das Abfliegen leichter

Größere Wasservögel stoßen sich beim Auffliegen oft mit heftigen Beinschlägen oder -platschern ab (drittes Video bzw. rechte Seite oben). Große Insekten wie der Hirschkäfer (erstes Video nächste Seite) springen oft vor dem Abflug mit den Hinterbeinen ein Stück hoch. Wichtig ist, dass sie schon ganz am Anfang ihres Flugs etwas „Fahrtwind" erzeugen. Hierbei kann der sogenannte Spring die allerersten Flügelschläge unterstützen.

Demo-Videos
http://tethys.uni-ak.ac.at/cross-science/wasp-like-helicopter.mp4

Abbremsen mit ausgefahrenen Landeklappen
Der Schwan gehört zu den größten flugfähigen Tieren. Oben: Ein mühsamer Start. Unten: Nützt er die
Wasseroberfläche und die Flügelstellung aus, um seine Masse relativ sanft abzubremsen.

Demo-Videos
http://tethys.uni-ak.ac.at/cross-science/stagbeetle-flying-off.mp4

Verteilungen:
Anziehung und Abstoßung

Tiere und keine Pflanzen

Auch wenn es oft nicht so aussieht:
Die meisten Lebewesen unter Wasser,
die farn- oder blumenartig aussehen,
sind Tiere (auch wenn sie festgewachsen
sind): Pflanzen haben nämlich die exklu-
sive Fähigkeit, Photosynthese zu betreiben
– und dazu brauchen sie Sonnenlicht, das
nur in den obersten Wasserschichten zur
Verfügung steht. Die dabei entstehenden
organischen Reste rieseln Richtung Meeres-
boden, werden von Strömungen herumgetrie-
ben und ernähren eine Vielzahl von Tieren.
Korallen ermöglichen den kleinen Polypen,
sich auf ihrem Skelett zu verteilen. Bei starker
Vergrößerung (Bild linke Seite) erkennt man, dass die
Polypen gefiederte Fangtentakel besitzen. Fazit: Je besser die Polypen
verteilt sind, desto effizienter können die Nährstoffe herausgefiltert werden.
Das Demo-Video zeigt eine mögliche Computersimulation für das Korallenwachstum.

Demo-Video
http://tethys.uni-ak.ac.at/cross-science/nearest-circle2d.mp4

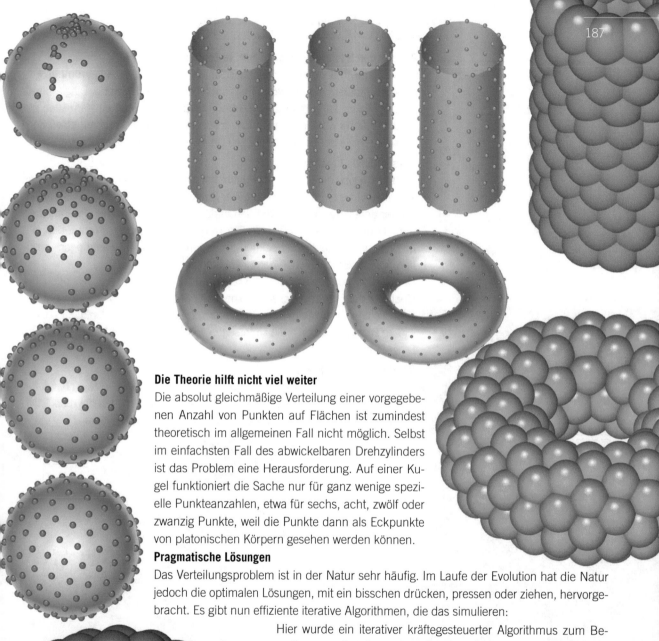

Die Theorie hilft nicht viel weiter

Die absolut gleichmäßige Verteilung einer vorgegebenen Anzahl von Punkten auf Flächen ist zumindest theoretisch im allgemeinen Fall nicht möglich. Selbst im einfachsten Fall des abwickelbaren Drehzylinders ist das Problem eine Herausforderung. Auf einer Kugel funktioniert die Sache nur für ganz wenige spezielle Punkteanzahlen, etwa für sechs, acht, zwölf oder zwanzig Punkte, weil die Punkte dann als Eckpunkte von platonischen Körpern gesehen werden können.

Pragmatische Lösungen

Das Verteilungsproblem ist in der Natur sehr häufig. Im Laufe der Evolution hat die Natur jedoch die optimalen Lösungen, mit ein bisschen drücken, pressen oder ziehen, hervorgebracht. Es gibt nun effiziente iterative Algorithmen, die das simulieren:

Hier wurde ein iterativer kräftegesteuerter Algorithmus zum Berechnen von Graphen verwendet, der anziehende und abstoßende Kräfte auf die Knoten (Punkte) ausübt (siehe auch S. 122). Mit jeder Iteration wird die Punkteverteilung besser und nach mitunter hunderten Verbesserungen findet der Algorithmus die beste Lösung. Besonders schön sieht man das in der Bilderserie links, wo Punkte auf der Kugel gleichmäßig verteilt werden (erstes Video).

Demo-Videos
http://tethys.uni-ak.ac.at/cross-science/points-on-sphere.mp4

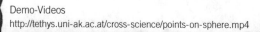

Voronoi-Diagramme

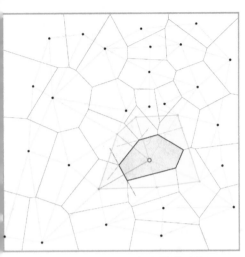

Angabe durch halbwegs gleichverteilte Zentren

In der Natur findet man zahlreiche Beispiele, wo gerade oder gekrümmte Flächen mit Mustern aus konvexen Polygonen bedeckt sind (Voronoi-Diagramme). Solche Muster kann man über Zentren erzeugen, die man einigermaßen gut auf der Fläche verteilt (siehe Skizze links): Die Mittensenkrechten eines Zentrums zu den Nachbarzentren bilden die Kanten der einzelnen Polygone.

Physikalische Deutung

Denkt man sich die Zentren als Punkte mit gleich starker Anziehung, so ist das jeweilige konvexe Polygon der Ort aller Punkte, das vom zugehörigen Zentrum stärker angezogen wird als von den anderen Zentren. Trocknender Schlamm nimmt deshalb einigermaßen die Form eines solchen Diagramms an: Dort gibt es Orte, die schneller austrocknen als andere und damit Spannungen erzeugen, welche Bruchlinien in der Mitte verursachen.

Das Gerüst, welches ein Voronoi-Diagramm bildet, ist nicht nur besonders flexibel, sondern weist gleichzeitig eine hohe Stabilität auf. Das wird wohl der Grund sein, warum Strukturen in Blättern, Äderchen in Libellenflügeln und – wie im Bild links unten – die Unterseiten von Pilzen in guter Näherung solche Diagramme bilden.

Iteration des Verfahrens

Wenn man ein Voronoi-Diagramm aus einem „Punkthaufen" erzeugt hat, kann man dieses optisch sowie physikalisch verbessern, indem man die ursprünglichen Zentren durch die Flächenschwerpunkte der Polygone ersetzt.

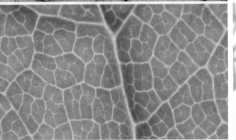

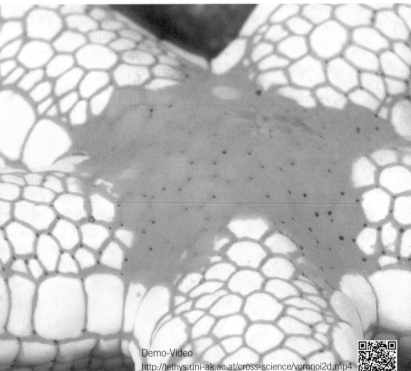

Demo-Video
http://tethys.uni-ak.ac.at/cross-science/voronoi2d.mp4

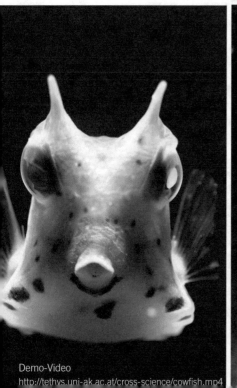

Erzeugung von Mustern zur Tarnung

Manche Tiere – offenbar insbesondere Wassertiere – erzeugen auf ihrer Haut Muster, die sehr an Voronoi-Diagramme erinnern. Schön ausgeprägt ist dies auf dem Seestern auf der linken Seite, aber auch auf dem Kuhfisch rechts unten, der zu den Kofferfischen gehört und ein starkes Hautgift besitzt. Der Körper der Kofferfische ist durch einen Knochenpanzer geschützt. Als juvenile Form ist er gelb (unten links) und besitzt „nur" Punkte – die Zentren der Polygone.

Im Fall des Seesterns und des roten Juwelenbarsches auf S. 186 oben handelt es sich bei den Punkten bzw. Mustern ziemlich offensichtlich um Tarnung (die rote Farbe ist ab zehn Metern Tiefe auch eine Tarnfarbe). Bei den jungen Kofferfischen ist gelb wohl eine Warnfarbe.

Demo-Video
http://tethys.uni-ak.ac.at/cross-science/cowfish.mp4

Diagramme auf der Kugel

Sphärische Polygone

Voronoi-Diagramme lassen sich auf der Kugel ganz ähnlich wie in der Ebene erstellen. Statt geradliniger Seiten treten Großkreisbögen im Schnitt der Symmetrieebenen je zweier Zentren auf.

Optimierung der Verteilung

Man wähle eine beliebige Anzahl von Zentren auf der Kugel und berechne das entsprechende Diagramm.

Im allgemeinen Fall wird dies sehr unregelmäßig erscheinen (blaue Kugel links unten).

Dann ersetze man die Zentren durch die sphärischen Schwerpunkte der zugehörigen Zelle und ermittle erneut das Voronoi-Diagramm. Dieser Vorgang kann beliebig oft wiederholt werden (blaue Kugeln weiter rechts), wobei das Diagramm immer ausgeglichener wird.

Am Ende kommt man auf ausgewogene Diagramme wie im großen Bild.

Demo-Videos
http://tethys.uni-ak.ac.at/cross-science/voronoi-on-sphere.mp4

„Phyllotaxis"-Verteilung

Bei der Optimierung des Diagramms spielt die Ausgangslage kaum eine Rolle (Bilder oben: 50 Punkte, darunter: 300 Punkte). Platziert man in den Zentren der einzelnen Zellen Kugeln, so bilden sie Muster, die stark an ein Insektenauge erinnern.

Mehr oder weniger Facetten

Foto oben: Augen einer Rinderbremse, die Tausende von Facetten haben. Man beachte die unterschiedlichen Größen der Facetten. Je dichter sie sind, desto besser ist das Sehvermögen des Tieres in die zugehörige Richtung. Unten: „Pro forma"-Auge eines Tausendfüßlers, der nur ein geringes Sehvermögen hat.

Ein Netz aus Sechsecken auf der Kugel

Facettenaugen und Wespennester …

Bei den Facettenaugen trat schon das Problem auf: Kann man eine doppelt gekrümmte Fläche wie die Kugel mit lauter regelmäßigen Sechsecken bedecken? Die Antwort war: Theoretisch nein. Die Natur ist aber nun einmal pragmatisch: Müssen die Sechsecke wirklich ganz regelmäßig sein und müssen alle Polygone Sechsecke sein?

Ein pragmatischer Ansatz

Je nachdem, wie engmaschig die Kugel (bzw. Halbkugel) parkettiert werden soll, könnte man folgenden Ansatz nehmen: Man finde eine mehr, oder weniger ausgeglichene Verteilung von gegebenen Punkten (dies kann über Formeln oder mit den schon erwähnten Algorithmen geschehen) und bestimme dann das zugehörige sphärische Voronoi-Diagramm. Dies wurde in den drei Bildern auf der rechten Seite (dritte Serie) gemacht. Um verschiedene Figuren und geometrische Ansätze, wie links Mitte bzw. unten zu erzeugen, kann man wie auf der rechten Seiten oben Folgendes machen: Man erzeugt mittels Inversion ein Kreismuster in der Äquatorebene der Kugel und projiziert es dann stereografisch aus dem Nordpol auf die Kugel, was zu einem Kreismuster auf der Kugel führt. Vergrößert man die Kreise entsprechend, schneiden sie einander in einigermaßen regelmäßige Sechsecke. Man kann aber auch – wie auf der rechten Seite in der Mitte – ein Ikosaeder mit einem Sechsecknetz überziehen und dann auf die Kugel projizieren.

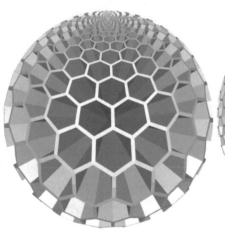

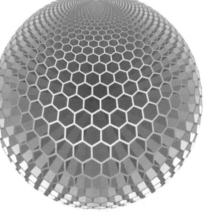

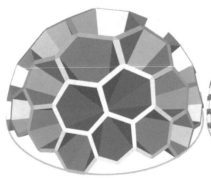

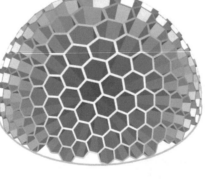

Demo-Videos
http://tethys.uni-ak.ac.at/cross-science/hexagons-on-sphere1.mp4
http://tethys.uni-ak.ac.at/cross-science/hexagons-on-sphere2.mp4
http://tethys.uni-ak.ac.at/cross-science/hexagons-on-tetrahedron.mp4

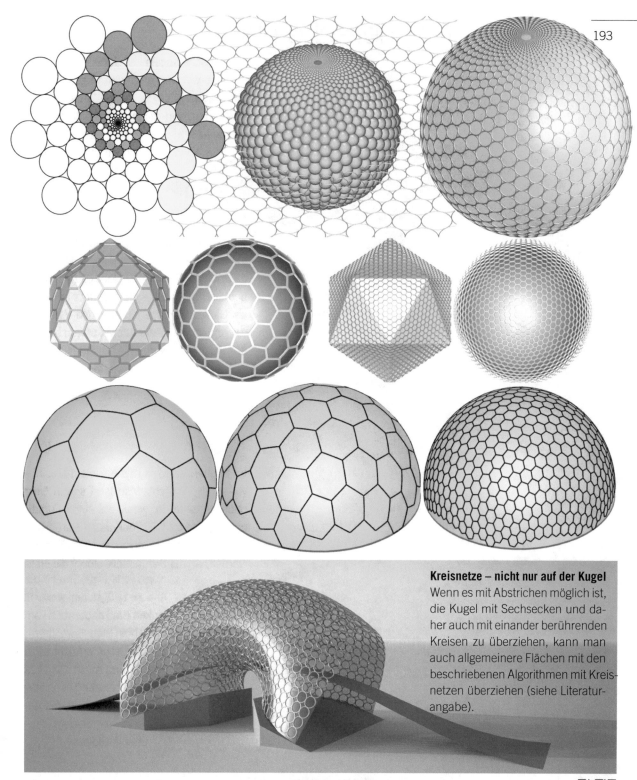

Kreisnetze – nicht nur auf der Kugel

Wenn es mit Abstrichen möglich ist, die Kugel mit Sechsecken und daher auch mit einander berührenden Kreisen zu überziehen, kann man auch allgemeinere Flächen mit den beschriebenen Algorithmen mit Kreisnetzen überziehen (siehe Literaturangabe).

F. Gruber, G. Wallner, G. Glaeser **Force directed near-orthogonal grid generation on surfaces** *J. Geom. Graphics 14/2, 135-145 (2010)*
https://www.heldermann-verlag.de/igg/igg14/i14h2grub.pdf

Magnetische Netze

Magnetische Kugeln und Stäbe

Denken wir uns eine netzartige Struktur, materialisiert durch kleine magnetische Kügelchen, von denen vier gleich lange – ebenfalls magnetisch gedachte – Stäbe ausgehen (erstes Video).

Dieses bewegliche Netz lässt sich gut an gängige Formen anpassen, indem man Schritt für Schritt am Netz zerrt, sodass es immer mehr die gewünschte Endlage einnimmt. Zu beachten ist, dass sich das Netz natürlich als Ganzes verändert und lokale Veränderungen somit globale Auswirkungen haben. Zur Illustration wurde hier so ein Netz über zwei bzw. drei Kugeln geworfen.

Im zweiten Video sieht man, wie man sinnvollerweise vorgeht. Man lässt so ein Netz nach unten fallen, wo es auf einen Funktionsgraphen trifft. Bei der ersten Berührung im höchsten Punkt muss das Netz adaptiert werden. An der Berührstelle stoppt die erste Kugel vorläufig, während die anderen Kügelchen weiter absinken (und dabei auch vom lotrechten Pfad abweichen), bis der Graph erreicht wird. Am Schluss muss das Netz noch ein bisschen nach oben gezogen werden, damit die Stäbe nicht mit dem Graphen kollidieren.

Die Vorteile der Methode

Die Bilderserie in der Mitte zeigt, wie eine Kugel in ein magnetisches Netz einsinkt und dieses mitnimmt (hier wird der Funktionsgraph teilweise von der unteren Halbkugel gebildet).

Damit hat man eine Möglichkeit gefunden, Freiformflächen durch Magnetnetze anzunähern. Je vier Stäbe bilden dabei „windschiefe Rauten", die man mittels einer der beiden Diagonalen in zwei Dreiecke zerlegen kann.

Elastische Netze

Allerdings geraten die Ränder dabei außer Kontrolle. Nun kann man sich überlegen, was passiert, wenn man z.B. die vier Eckpunkte eines rechteckigen Magnetnetzes in ihrer Endlage angibt. Man kann dann die Stäbchen mit zugabhängiger variabler Stablänge versehen, um elastische Netze zu simulieren, wie es in der rechten Bilderserie geschehen ist. Durch Einfärben der Stäbchen kann man dabei gut visualisieren, wo die stärksten Zugkräfte auftreten.

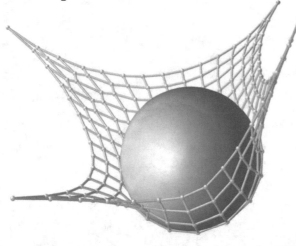
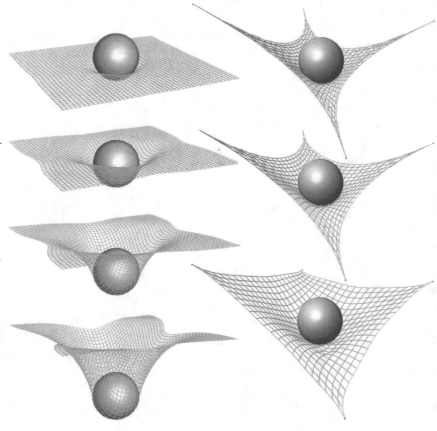

Demo-Videos
http://tethys.uni-ak.ac.at/cross-science/elastic-net1.mp4
http://tethys.uni-ak.ac.at/cross-science/elastic-net2.mp4

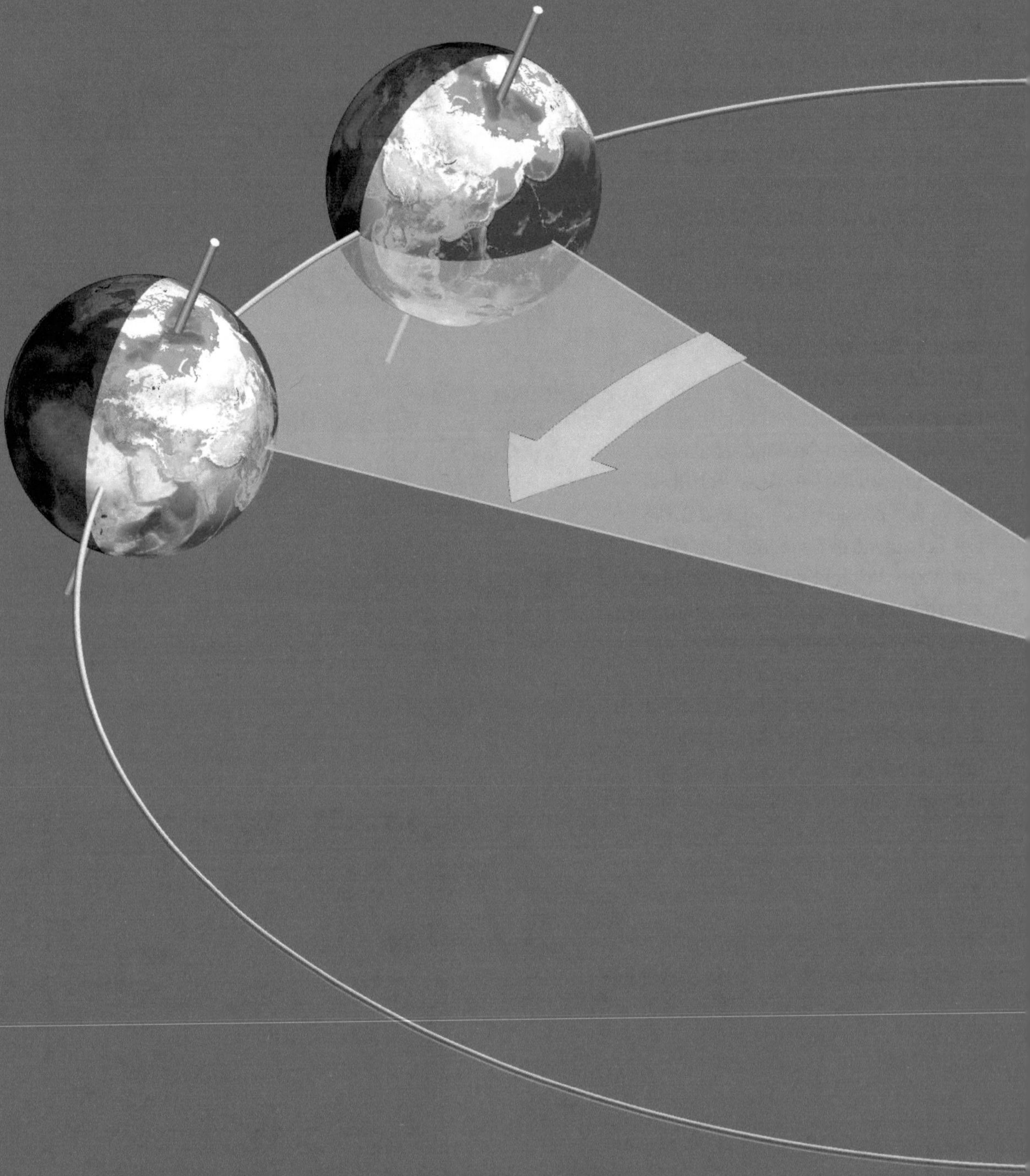

Unser Sonnensystem: Freies Spiel der Kräfte

Kreiselbewegungen

Kreiselbewegungen spielen im Weltall eine große Rolle (s. S. 200f.). Wir wollen uns mit den Parametern beschäftigen, die für die Bewegung relevant sind.

Simulation eines Kreisels

Der Einfachheit halber nehmen wir an, dass sich der Kreisel annähernd wie ein flacher Zylinder verhält, der mit einer Achse durch seinen Mittelpunkt am Boden festgehalten wird. Der Schwerpunkt sitzt im Mittelpunkt des Zylinders bzw. im Zentrum der größten Wölbung.

Eigenrotation

Der Kreisel rotiert vergleichsweise schnell um seine eigene Achse. Gibt man die Drehgeschwindigkeit vor, erkennt man sofort: Eine hohe Drehgeschwindigkeit stabilisiert das Objekt. Die Drehung erzeugt zusammen mit dem Trägheitsmoment einen Drehimpuls (dargestellt durch die blaue Linie) entlang der Drehachse. In einem Szenario, in dem keine äußeren Kräfte wirken, dreht sich der Kreisel ungehindert nur um seine Drehachse.

Präzession

Auf unser Modell wirkt jedoch immer die Schwerkraft senkrecht in Richtung Erdboden. Der Kreisel würde dadurch ohne die Eigendrehung umkippen. Durch die Drehung bleibt nicht nur seine Neigung zum Boden erhalten, sondern er rotiert zusätzlich um eine Achse senkrecht zum Boden. Diese Bewegung nennt man Präzession.

Hervorgerufen wird diese sog. Präzessionsbewegung durch ein Drehmoment, das die Erdanziehungskraft erzeugt. Die Richtung des Drehmomentes ist senkrecht zur Drehachse und zur Anziehungskraft. Nur in diese Richtung kann sich der Drehimpuls bewegen. Mathematisch gesehen handelt es sich um ein Vektorprodukt. Die Geschwindigkeit der Präzession hängt dabei direkt von der Stärke der einwirkenden Kraft, der Geschwindigkeit der Rotation um die Figurenachse und dem Trägheitsmoment des Körpers ab. Je schneller sich der Kreisel dreht, desto langsamer ist seine Präzession.

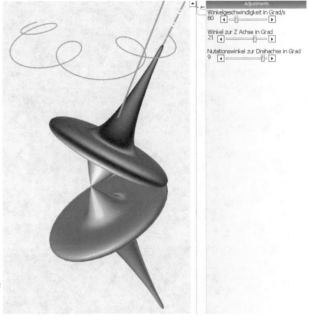

Nutation

Wenn man einen Kreisel dreht, sieht man aber häufig auch noch eine taumelnde Bewegung. Dieses Phänomen nennt man Nutation. Sie entsteht dadurch, dass durch eine kurzfristig einwirkende Kraft gegen die Drehachse diese nicht mehr in die gleiche Richtung zeigt wie der Drehimpuls. Der Kreisel muss nun also – um den Impuls zu erhalten – eine weitere Bewegung machen. Er beginnt dadurch seine Drehachse um die Richtung des Drehimpulses zu rotieren. Die Geschwindigkeit der Nutation hängt einerseits von der Stärke der Auslenkung und der Rotation um die Drehachse, andererseits von der Form des Kreisels und dessen Trägheitsmoment ab. Je schneller die Eigenrotation und je größer die Auslenkung, desto schneller ist die Nutation. Die sphärische Bahnkurve eines Punkts auf der Drehachse des Kreisels ist im Bild rot eingezeichnet.

Ein Vergleich mit einem realen Versuch (siehe Demo-Video) zeigt, dass die Annahmen sehr realistisch sind.

Theorie und Demo-Videos

https://itp.uni-frankfurt.de/~luedde/Lecture/Mechanik/Intranet/Skript/Kap7/node5.html

http://tethys.uni-ak.ac.at/cross-science/kreisel.mp4

Der Frühlingspunkt

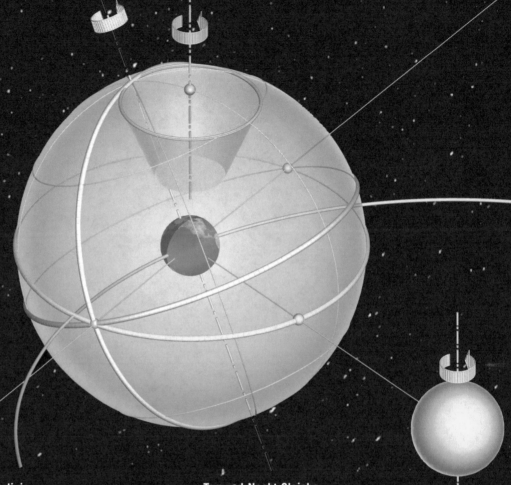

Eine wichtige Knotenlinie

Die Erdachse ist derzeit unter etwa $23,4°$ zur Ekliptik (der Bahnebene der Erde) geneigt. Der Wert schwankt periodisch geringfügig im Lauf von etwa 41 000 Jahren (Nutation). Die Äquatorebene der Erde (Äquator blau eingezeichnet) steht rechtwinklig zur Erdachse und schneidet die Ekliptik längs einer Geraden (grün). Weil die Achse über viele Jahrzehnte nahezu parallel bleibt, bleibt es auch die grüne Linie. Sie zeigt auf eine gewisse Sternenkonstellation, und das sehr lange. In unserem Jahrhundert spricht man vom „Zeitalter des Wassermanns".

Tag-und-Nacht-Gleiche

Die grüne Knotenlinie wandert demnach parallel mit der Erde mit und trifft zweimal im Jahr die Sonne. Dann und nur dann geht der Eigenschatten der Erde – die Trennlinie zwischen Tag und Nacht – durch die Pole, sodass Tag und Nacht gleich lang sind. Die Zeitpunkte legen den Frühlings- und Herbstbeginn fest.

Die Präzessionsbewegung der Erde

im Lauf von knapp 26 000 Jahren rotiert die Erdachse um eine Normale zur Ekliptik. Dabei rotiert die Knotenlinie mit, sodass Frühlings- und Herbstbeginn einmal auf der Bahnellipse herumwandern.

Demo-Videos
http://tethys.uni-ak.ac.at/cross-science/precession-earth.mp4

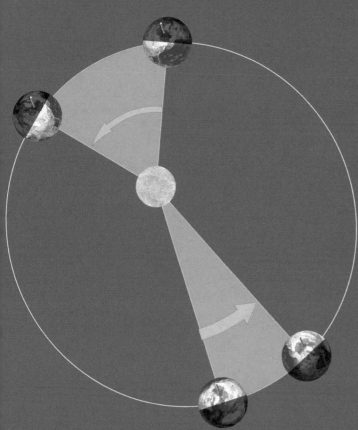

Kepler-Ellipsen und freier Fall

Die Erde befindet sich im freien Fall um die Sonne und bewegt sich dabei auf einer elliptischen Bahn, wobei die Sonne einer der beiden Brennpunkte der Ellipse ist. Ihre Bahngeschwindigkeit variiert dabei ständig und ist umso größer, je näher die Erde der Sonne ist. Das zweite Keplersche Gesetz besagt, dass in gleichen Zeiten gleiche Flächen überstrichen werden (Bild links).

Nordwinter kürzer als Nordsommer

Momentan erreicht die Erde die größte Sonnennähe Anfang Januar, wodurch das Winterhalbjahr auf der nördlichen Halbkugel fünf Tage kürzer ist als das Sommerhalbjahr. In etwa 13 000 Jahren hat sich wegen der Präzessionsbewegung der Spieß umgedreht und der Frühlingsbeginn wird im jetzigen Herbst sein. Dann hat die südliche Halbkugel die längeren Sommer.

Wann beginnen die Jahreszeiten genau?

Nach den Gesetzen der Geometrie ([1]) erhält man den Beginn der Jahreszeiten wie folgt: Die (grüne) Normale auf die Erdachsenrichtung durch die Sonne liefert Frühlings- und Herbstbeginn (die Tag-und-Nacht-Gleichen) und die dazu senkrechte (blaue) Linie in der Ekliptik führt zu Sommer- und Winterbeginn. Der Zeitpunkt kann minutengenau bestimmt werden. Die grüne und die blaue Linie sind *nicht* die Achsen der Ellipse.

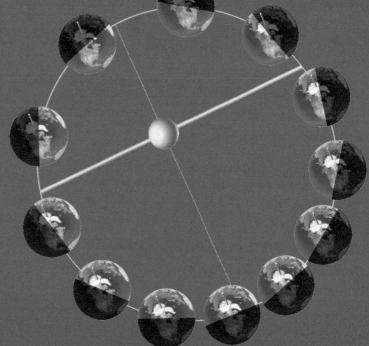

Demo-Videos
http://tethys.uni-ak.ac.at/cross-science/earth-around-sun.mp4

Der Doppelplanet

Demo-Videos
http://tethys.uni-ak.ac.at/cross-science/double-planet1.mp4

Eine nicht-triviale gegenseitige Umrundung

Erde und Mond „tanzen" um ihren gemeinsamen Schwerpunkt. Dieser liegt, weil die Erde die 81-fache Masse des Mondes hat, unter der Erdoberfläche (sein Abstand variiert, weil die Mondbahn eine Ellipse ist). Der Mittelpunkt der Erde bleibt dadurch nicht fest, sondern wandert relativ gesehen auf einer kleinen Ellipse (Bilderserie auf der linken Seite).

Es handelt sich um keine Rotation

Die beiden Himmelskörper sind nur durch die Gravitation verbunden und nicht etwa – wie im Bild oben rechts – aneinander gekettet, wobei die Drehachse stabil bleibt. Die Bewegung ist keine Rotation im klassischen Sinn (wie etwa bei den beiden Kindern im Bild darunter, die sich beide um eine Rotationsachse drehen), denn dann hätten so gut wie alle Punkte auf der Erde eine unterschiedliche Bahngeschwindigkeit. Es ist vielmehr so, dass alle Punkte auf und innerhalb der Erdkugel *dieselbe* Geschwindigkeit haben – nämlich die des Erdmittelpunkts – da die Richtung der Erdachse bestehen bleibt (siehe dazu S. 200).

Mondphasen und Mondfinsternis

Durch die Bewegung des Mondes um die Erde in knapp vier Wochen entstehen die Mondphasen (in der Bilderserie auf der linken Seite: Zunehmender Mond, Halbmond, fast Vollmond, darunter eine potentielle Mondfinsternis bei Vollmond, abnehmender Mond. Weil sich der Doppelplanet innerhalb von vier Wochen etwa dreißig Grad um die Sonne dreht, dauert das Erreichen einer bestimmten Mondphase, zur nächsten vergleichbaren Phase, zwei Tage länger.

Der „Erdenschein"

Die Reflektion des Sonnenlichts von der Erde sorgt dafür, dass in den Tagen um den Neumond der Mond nicht ganz dunkel erscheint (die beiden unteren Fotos zeigen so eine Situation – im unteren Bild stark überbelichtet, wodurch fast dasselbe Bild entsteht wie bei Vollmond – nur eben sehr lichtschwach).

Derselbe Mond wie oben, nur sieben Blenden überbelichtet. Das Ergebnis ist „fast ein Vollmond". Schon Leonardo da Vinci erkannte, dass dafür die Reflektion des Sonnenscheins von der Erde verantwortlich ist.

Die Gezeiten

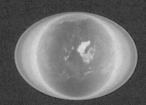

Die Gezeiten-Kraftfelder des Mondes und der Sonne addieren sich. Steht der Neumond zwischen Erde und Sonne, ergibt sich eine besonders stark ausgeprägte Springflut.

Bei Halbmond sind die Richtungen zu Mond und Sonne rechtwinkelig und Ebbe und Flut unterscheiden sich nicht so stark (Nippflut).

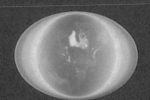

Auch bei Vollmond, wenn Mond und Sonne gegenüber stehen, ergibt sich eine – etwas schwächere – Springflut.

Demo-Video
http://tethys.uni-ak.ac.at/cross-science/tides.mp4

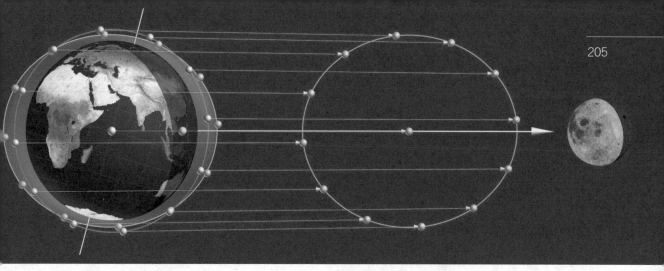

Die Verformung der Oberfläche durch den Mond

Die Anziehungskräfte wirken auf den ganzen Planeten, aber die Gezeiten sind am besten an den Ozeanen zu beobachten.

Beschränken wir uns zunächst auf den Mond und betrachten das Bild oben: Die Wassermassen werden in Richtung Mond angezogen – ein paar Prozent mehr auf der dem Mond zugewandten als auf der abgewandten Seite. Stark übertrieben entstünde dadurch ein rot eingezeichnetes Oval, das einer Ellipse ähnelt (räumlich gesehen liegt in etwa ein Ellipsoid vor).

Die Anziehungskraft wird durch die Fliehkraft im Erdmittelpunkt völlig wettgemacht – der Doppelplanet befindet sich ja im Gleichgewicht. Nachdem – wegen der konstanten Achsenrichtung der Erde – in jedem Punkt dieselbe Fliehkraft herrscht wie im Erdmittelpunkt, wird das rote Oval wieder um den Erdmittelpunkt zentriert.

Zweimal am Tag Flut und Ebbe

Das führt zu einer zweifach ausgebeulten Oberfläche der Ozeane: Die maximalen Entfernungen entstehen am mondnächsten und am mondfernsten Punkt. Nun dreht sich aber die Erde innerhalb von knapp 24 Stunden um die eigene Achse und der Mond in dieser Zeit grob geschätzt 10-15 Grad um die Erde (die Winkelgeschwindigkeit ist nicht konstant). Dadurch kommt es *zweimal* innerhalb von knapp 25 Stunden zu Flut und Ebbe.

Auch die Sonne mischt mit

Auch die Sonne erzeugt so ein Oval, wenngleich nur etwa halb so stark ausgeprägt wie das Gezeiten-Kraftfeld des Mondes – wir sind ja so weit von der Sonne entfernt, dass die Unterschiede in den Abständen der Punkte der Erde prozentuell viel kleiner ausfallen. Addiert man beide Ovale, ergibt sich ein neues Oval, das zu Neumond und Vollmond besonders stark ausgeprägt ist.

Gezeitenkraftfelder des Mondes (links), der Sonne (Mitte) und die Überlagerung der beiden (rechts).

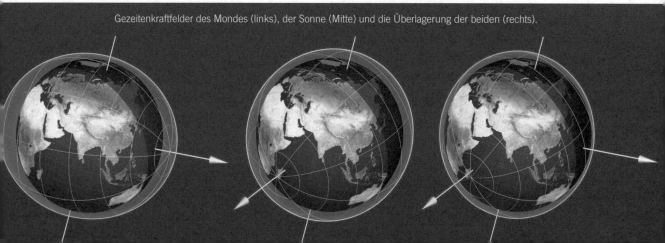

Sonnen- und Mondfinsternis

Sonnenfinsternis: Ein rares Ereignis

Sonne und Mond haben am Himmel zufälligerweise beinahe den Durchmesser von einem halben Grad. Zu einer Sonnenfinsternis kann es nur kommen, wenn der Neumond die Sonne fast genau abdeckt. Der Kernschatten des Mondes hat zusätzlich einen relativ kleinen Durchmesser, sodass Sonnenfinsternisse lokal begrenzt sind.

Beginnende Sonnenfinsternis (Raumsituation links oben).

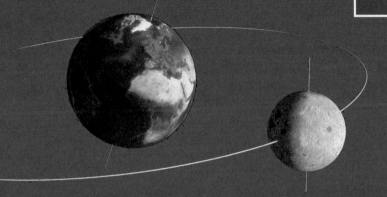

Die Bahnebene des Mondes ist geneigt

Das „Hauptproblem" ist aber, dass die Mondbahn etwa fünf Grad zur Bahnebene der Erde geneigt ist. Die Mondbahnebene rotiert allerdings im Laufe der Jahre und mit ihr die Schnittgerade mit der Erdbahnebene. Nur wenn sich der Neumond zufällig auf dieser Schnittgeraden befindet, kann eine Sonnenfinsternis stattfinden.

Scheinbar variabler Durchmesser des Mondes

Der Monddurchmesser schwankt nicht unbeträchtlich wegen der elliptischen Bahn des Mondes. So kann es sein, dass der Neumond gerade besonders groß erscheint (man könnte in Analogie zu einem Supervollmond von einem Superneumond sprechen). Dann schafft es der Mond ohne Probleme, die Sonne gänzlich abzudecken. Bei einem kleineren Neumond kommt es im Idealfall zu einer ringförmigen Abdeckung (im unteren Bild befindet sich der Kernschatten gerade über Ägypten).

Ringförmige Sonnenfinsternis (Raumsituation links unten).

Nur wenige Minuten

Wegen der Eigenrotation der Erde rast der Kernschatten mit hoher Geschwindigkeit (meist über 1500 km/h) über die Erde. Eine totale Sonnenfinsternis dauert daher nur kurz.

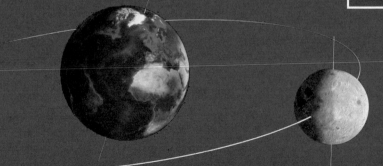

Demo-Videos
http://tethys.uni-ak.ac.at/cross-science/solar-eclipse.mp4

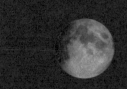

Beginnende Mondfinsternis (Raumsituation rechts oben).

Mondfinsternis: Ein häufigeres Ereignis

Bei einer Mondfinsternis beschattet die Erde den Vollmond. Die Erde hat fast den vierfachen Durchmesser des Mondes, sodass dieser Fall viel häufiger auftritt und dann von allen mondzugewandten Punkten der Erde gesehen werden kann. Mondfinsternisse sind weniger spektakulär (da der Vollmond auch des Öfteren durch Wolken verdeckt wird).

Blutmond (Raumsituation rechts unten).

Die Mondfinsternis dauert viel länger

Der Schatten der Erde kann ausreichen, um den Vollmond bis zu anderthalb Stunden abzudunkeln. Bemerkenswert ist, dass der Mond im Kernschatten der Erde eine rötliche Färbung („Blutmond") annehmen kann, die durch die Brechung des Lichts an der Erdatmosphäre entsteht.

Demo-Video
http://tethys.uni-ak.ac.at/cross-science/lunar-eclipse.mp4

Noch ein paar Dinge über den Mond

Wo ist der Mond bei Sonnenuntergang?

Der Mond verspätet sich jeden Tag durchschnittlich um etwa 50 Minuten. Bei Neumond befindet er sich ganz in der Nähe der Sonne. Danach nimmt die Mondsichel bis zum Vollmond zu, wo der Mond schließlich gegenüber der Sonne aufgeht. Solange er zunimmt, ist die Mondsichel vor Sonnenuntergang zu sehen, wohingegen der Mond, während der Abnahme, nur nach Sonnenuntergang sichtbar ist.

Die Neigung der Mondsichel

Der Terminator des Mondes (die Eigenschattengrenze) geht immer ziemlich genau durch die Mondpole. Er erscheint als mehr oder weniger bauchige Ellipse, wobei der Hauptscheitel einigermaßen genau die Mondachse angibt. Durch die Erddrehung dreht sich diese Hauptachse um etwa 15 Grad pro Stunde, und zwar im Uhrzeigersinn, wenn wir nach Süden blicken, sonst gegen den Uhrzeigersinn (siehe dazu erstes Video: Der Umlaufsinn ändert sich, wenn wir in bzw. gegen die Erdachsenrichtung schauen).

Wie hoch steigt der Mond?

Der Neumond, der sich ja in der Nähe der Sonne befindet, steigt so hoch wie die Sonne, also hoch im Sommer und niedrig im Winter. Der Vollmond hingegen verhält sich wie die um ein halbes Jahr zeitversetzte Sonne: Im Winter steigt er hoch, im Sommer nicht. Der Halbmond liegt irgendwo dazwischen, verhält sich also annähernd so wie die Sonne zu den Tag-und-Nacht-Gleichen. Den höchsten Punkt erreicht er dabei nicht zu Mittag bzw. Mitternacht, sondern ziemlich genau dazwischen. In jedem Fall wandert der Mond – so wie die Sonne und auch die Sterne – wegen der Erddrehung auf der gesamten Erdkugel von Osten nach Westen.

Demo-Videos
http://tethys.uni-ak.ac.at/cross-science/orientation-of-rotation.mp4

Der Mond ist durchaus eine hilfreiche Lichtquelle

Bei Vollmond und wolkenfreiem Himmel wird es die
ganze Nacht nicht dunkel. Bei Halbmond ist entweder die erste Nachthälfte (zunehmender Mond)
oder die zweite (abnehmender Mond) ausreichend
hell.

3 … Sonne und Mond
2 … Sonne, kein Mond
1 … keine Sonne, aber Mond
0 … weder Sonne noch Mond

Die Polarnacht ist keineswegs durchgehend stockdunkel

Im Winter übernimmt im hohen Norden (und natürlich
ein halbes Jahr später in der Nähe des Südpols) der Mond
die wichtige Rolle der einzigen Lichtquelle! Das gilt insbesondere für die Mondphasen von Halbmond über Vollmond zum nächsten Halbmond, also in Summe für eine komplette Hälfte der Polarnacht! Sind Schnee und
Eis vorhanden, dann reicht schon relativ wenig Licht aus,
um die Umgebung klar erkennen zu können. In der großen Abbildung sehen wir, wie die Polarnacht am Nordpol

durch den Mond (kein Vollmond, sonst wäre er genau
gegenüber der Sonne) aufgehellt wird.
Im ersten Video sieht man – animiert – die entsprechende
Situation in der Nähe des Südpols. Das zweite Video zeigt,
wie man sich den Vollmond in der südlichen Polarnacht
vorstellen kann: Er bleibt 24 Stunden über dem Horizont
und wandert wegen der Erddrehung umgekehrt wie auf
der nördlichen Halbkugel von rechts nach links.

Demo-Videos
http://tethys.uni-ak.ac.at/cross-science/antarctic-in-winter.mp4

Mittlerweile nur mehr acht Planeten …

… bewegen sich um unsere Sonne, die fast die tausendfache Masse aller Planeten zusammen hat. Alles ist in
Bewegung! Selbst die Sonne rotiert um eine Achse und
ihr Mittelpunkt „eiert" ein wenig. Die Planeten bewegen
sich, nach dem ersten Keplerschen Gesetz, auf Ellipsen
und, nach dem zweiten Gesetz, mit sich ständig ändern-
der Geschwindigkeit.

Nichts in diesem System ist in Stein gemeißelt

Keine der Relativbewegungen ist eine Rotation, außer der
Eigendrehung der Himmelskörper, und selbst deren Drehachsen unterliegen Drehungen und Schwankungen.

Demo-Videos
http://tethys.uni-ak.ac.at/cross-science/solar-system.mp4

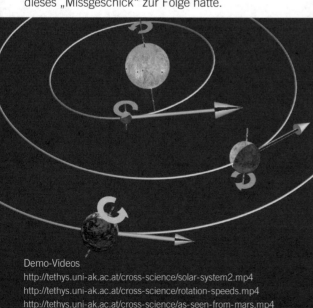

Größenverhältnisse

Wir sind Bilder unseres Sonnensystems gewohnt, auf denen man „etwas erkennen kann". Die wahren Größenverhältnisse müssen dabei ignoriert werden. Selbst Jupiter, der den mehr als zehnfachen Durchmesser der Erde hat – und damit das mehr als tausendfache Volumen–, ist vom Durchmesser her eine Zehnerpotenz kleiner als die Sonne – und wiederum drei Zehnerpotenzen, was das Volumen anbelangt.

Die Bilderserie rechts zeigt von oben nach unten

● die wahren Proportionen,

● die Planeten 1600-fach vergrößert und die Sonne nicht vergrößert,

● in der „Nahaufnahme" die inneren Planeten 80-fach mehr vergrößert als die Sonne,

● darunter dieselbe Szene, aber mit Jupiter und Saturn,

● eine vergleichbare Szene, aber mit der Sonne „nur noch dreißigmal" weniger skaliert als die Planeten.

Die Venus tanzt aus der Reihe

Alle Planeten bewegen sich im gleichen Umlaufsinn um die Sonne und alle Planeten – außer der Venus – sowie die Sonne selbst rotieren im gleichen Umlaufsinn um ihre Achse. Offenbar hatte die Venus irgendwann eine gewaltige Kollision mit einem anderen Urplaneten, was dieses „Missgeschick" zur Folge hatte.

Demo-Videos
http://tethys.uni-ak.ac.at/cross-science/solar-system2.mp4
http://tethys.uni-ak.ac.at/cross-science/rotation-speeds.mp4
http://tethys.uni-ak.ac.at/cross-science/as-seen-from-mars.mp4

Illusionen: Fake oder Echt?

Die Geometrie kann viel erklären

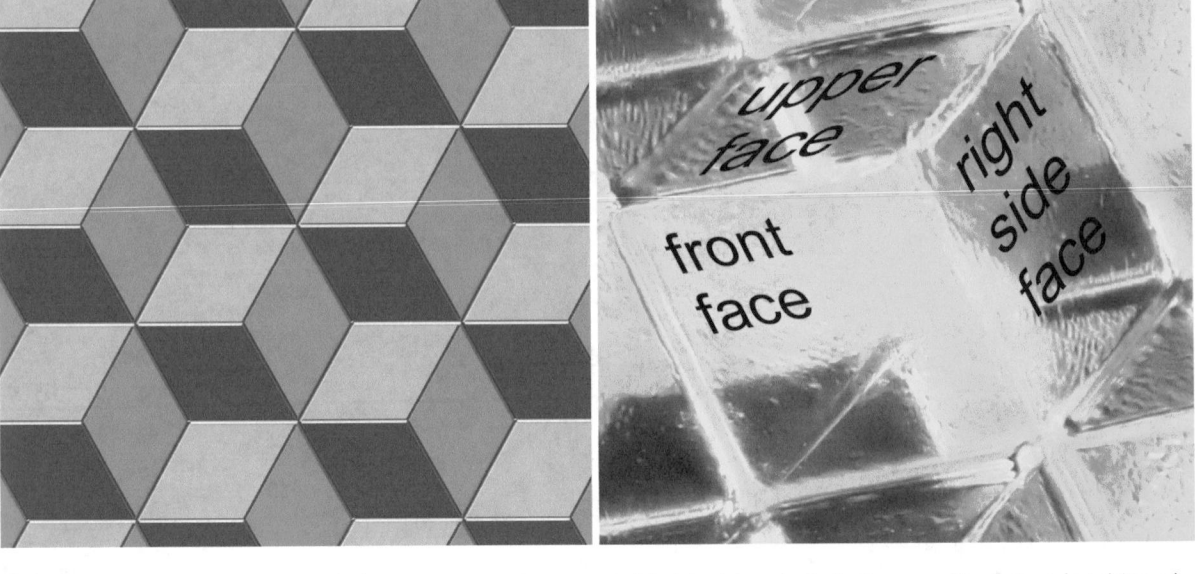

Auf der vorangegangenen Doppelseite …

sehen sie zwei Originalfotos, die Sie wahrscheinlich ein bisschen zum Grübeln anregen. Was stellt das Foto links dar? Ist das Elefantenfoto eine Fotomontage? In Zeiten von Künstlicher Intelligenz sollte man sehr skeptisch sein. Allerdings findet sich für beide Bilder eine natürliche Erklärung.

Katzenaugen

Die Augen von manchen Tieren leuchten zurück, wenn man sie anstrahlt. Das hat mit den Reflektoren in ihren Augen zu tun. Durch die starke Brechung an der Hornhaut (Bild unten rechts) kommt das Licht auch fast seit- wärts hinein und wieder heraus. Die Augen leuchten also auch, wenn man sie nicht frontal anstrahlt. Das Ganze funktioniert sogar ohne Brechung, wenn man verspiegelte Würfelecken verwendet (erstes Video): Wie auch immer man hineinstrahlt, das Licht kommt zur Lichtquelle zurück – eine einfache, aber geniale Entdeckung, die den Reflektoren auf Fahrrädern zugrunde liegt (zweites Video). Im Bild oben rechts ist ein Detailausschnitt des Bildes auf S. 212 zu sehen (und beschriftet): Die sichtbaren verspiegelten Flächen reflektieren angrenzende Kanten. Man braucht schon eine Zeit lang, um das Foto „zu verstehen".

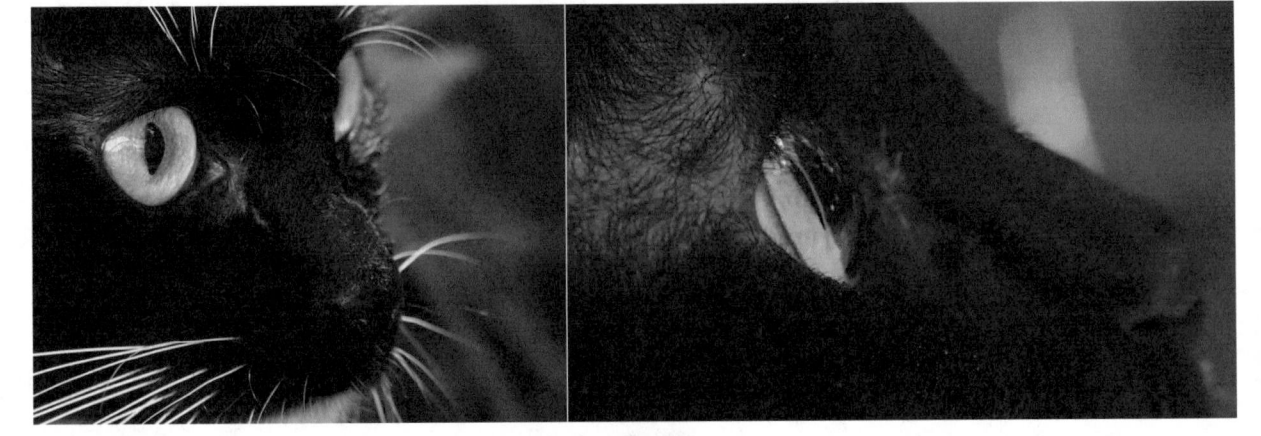

Demo-Video
http://tethys.uni-ak.ac.at/cross-science/reflecting-corner.mp4

Der trompetende Elefant

Üblicherweise fotografiert man mit einem Teleobjektiv Objekte, die weit entfernt und nicht selten auch recht groß sind. Man kann damit aber auch weit entfernte, kleine Objekte groß erscheinen lassen. Umgekehrt passt ein ganz in der Nähe trompetender Elefantenbulle bequem ins Bild, wenn wir ihn mit einem Ultraweitwinkelobjektiv fotografieren. Natürlich könnte es auch sein, dass der trompetende Elefant nur ein gut gemachtes faustgroßes Modell eines wirklichen Rüsseltiers ist. Dann sieht dieses Modell unter Umständen beinahe genauso imposant aus wie in der Realität. Um die Umgebung der Größe des Modells anzupassen, wurde auf S. 213 folgender Trick angewandt: Die Bäume, die im Hintergrund zu sehen sind (und etwa hundert Mal so groß wie das Elefantenmodell sind), sind etwa 30- mal weiter entfernt als man vermuten könnte, nämlich über 100 m. Dadurch erscheinen sie so klein, dass sie „zum Gesamtbild passen". Der in der Landschaft postierte horizontale Spiegel suggeriert eine Wasserfläche.

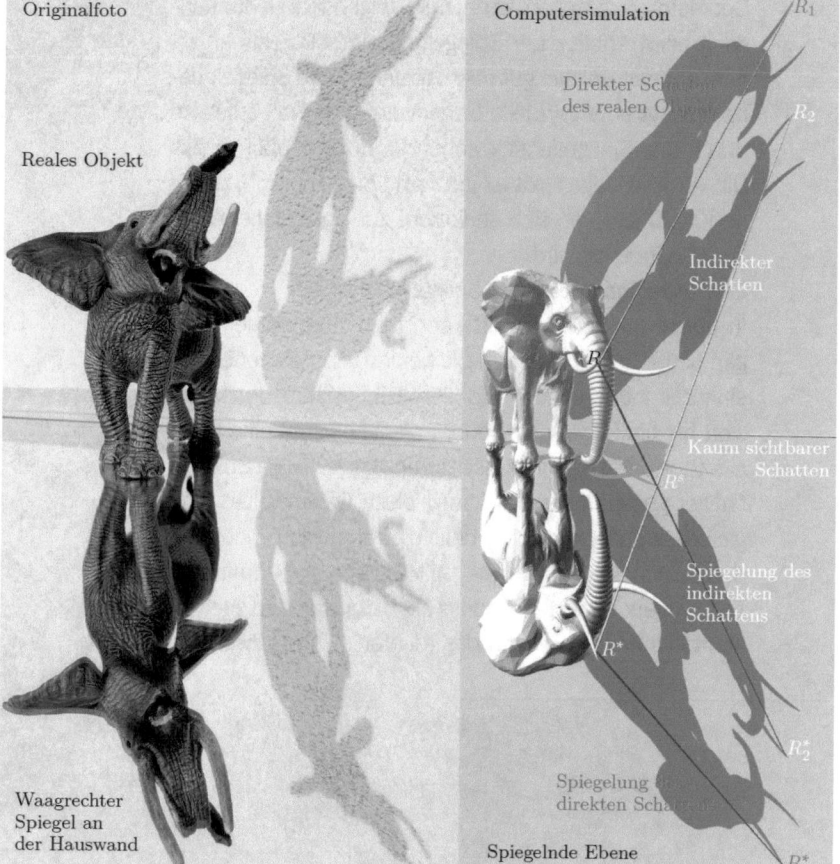

Originalfoto

Reales Objekt

Waagrechter Spiegel an der Hauswand

Computersimulation

R_1

R_2

Direkter Schatten des realen Objekts

Indirekter Schatten

R

Kaum sichtbarer Schatten

R^s

Spiegelung des indirekten Schattens

R^*

Spiegelung des direkten Schattens

Spiegelnde Ebene

R_2^*

R_1^*

Wie viele Elefanten sind im Bild?

Das Bild oben in der Mitte wurde mit denselben Utensilien (Tiermodell und Spiegel) an der Hauswand erzeugt. Für die Erklärung dieses Effekts, wird unser geometrisches Wissen über Perspektive, Schatten und Spiegelungen gefordert. Der Modellelefant (stellvertretend wurde als markanter Punkt R die Spitze des rechten Stoßzahns gewählt), hat ein Spiegelbild in der waagrechten Ebene (Punkt R^*). Von den vier zu erkennenden Schatten an der lotrechten Wand zählen eigentlich nur zwei – die beiden anderen sind Spiegelungen davon.

Die Sonne beleuchtet jeden Punkt der Wand, liefert dort also keine direkten Schatten. Die Spiegelung produziert eine gespiegelte Sonne, die die Szene *von unten* beleuchtet. Dort, wo diese die Wand nicht beleuchtet, treten die vorhandenen Halbschatten auf, die sich in ihrer Intensität nicht unterscheiden.

Zunächst entsteht der direkte Halbschatten an der Wand (stellvertretender Punkt R_1, Spiegelbild R_1^*). Der Schatten des realen Objekts (Punkt R^s) durch die (reale) Sonne in der Spiegelebene ist nur in der Computersimulation zu sehen, jedoch nicht am Foto! Dieser nicht beleuchtete Fleck am Spiegel erzeugt in der Reflexion an der senkrechten Wand den anderen Halbschatten (Punkt R_2, gespiegelter Punkt R_2^*).

Demo-Video
http://tethys.uni-ak.ac.at/cross-science/six-animals.mp4

Verwirrende Mehrfach-Spiegelungen

Was passiert bei einer Spiegelung?

Geometrisch gesehen kann man folgenden Gedankengang beim Anblick der Spiegelung eines Objekts an einem ebenen Spiegel gut nachvollziehen: Die Spiegelebene erzeugt eine „virtuelle Gegenwelt", die man teilweise durch das Spiegelfenster sehen kann oder auch nicht. Die virtuelle Gegenwelt ist insofern spiegelbildlich, da jene Koordinate, die sich senkrecht zur Spiegelebene befindet, umgepolt wird.

Zwei zueinander lotrechte Spiegel

In einem nächsten Schritt kann man Doppelspiegelungen betrachten, bei denen die beiden Spiegelebenen zueinander lotrecht stehen (oberes Bild rechts). Jetzt passiert bereits Folgendes: Jeder Spiegel erzeugt eine virtuelle Gegenwelt, die teilweise durch das jeweilige Spiegelfenster gesehen werden kann. Diese Gegenwelten sind gleichzeitig so „wirklich", dass sie ihrerseits wieder von den beiden Spiegeln gespiegelt werden – und damit doppelt umgepolt werden, sodass sie nicht mehr spiegelverkehrt erscheinen. Wegen des rechten Winkels zwischen

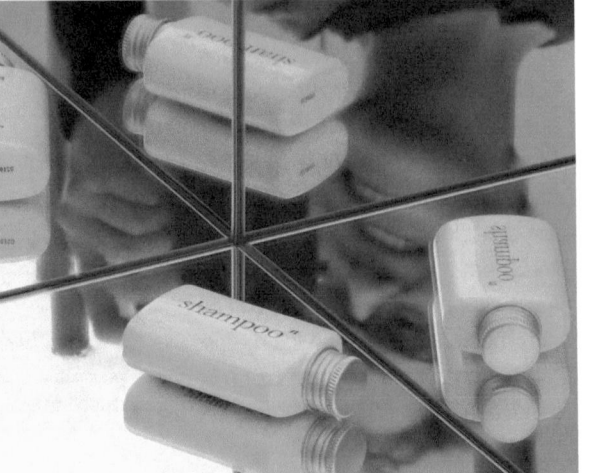

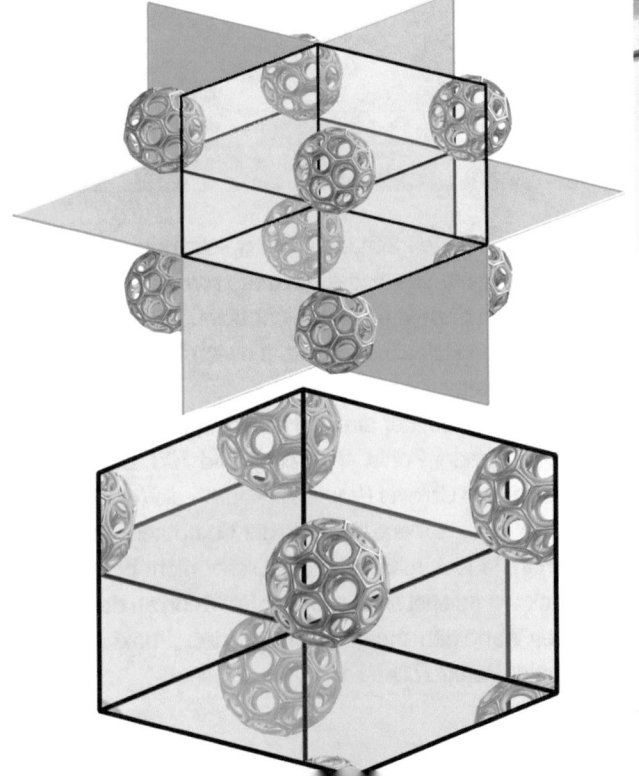

den Spiegeln sind die Doppelspiegelungen identisch. Ein Teil kann teilweise durch das erste Fenster, ein ergänzender Teil durch das zweite Fenster gesehen werden.

Drei paarweise zueinander senkrechte Spiegel

Im Bild Mitte rechts wurde nun ein dritter Spiegel hinzugefügt, sodass eine „verspiegelte Raumecke" entsteht. Der horizontale Spiegel erzeugt insgesamt vier weitere virtuelle Welten, die teilweise durch das dritte Spiegelfenster gesehen werden können. Die Anzahl der Spiegelungen entscheidet, ob die Gegenwelten spiegelverkehrt sind oder nicht. Die obere Computergrafik links veranschaulicht dies gut. Durch das Wegschneiden der im Spiegel nicht sichtbaren Teile entstehen fotorealistische Bilder, die nicht mehr so leicht analysiert werden können.

217

Verallgemeinerung

Wenn die beiden Spiegel keinen rechten Winkel bilden, sondern, wie in den Bildern rechts, z. B. $60°$, kommen immer mehr virtuelle Welten ins Spiel (im konkreten Fall kommen zu den zwei reellen Kugeln noch zehn virtuelle dazu, die dann teilweise in den Spiegelfenstern zu sehen sind).

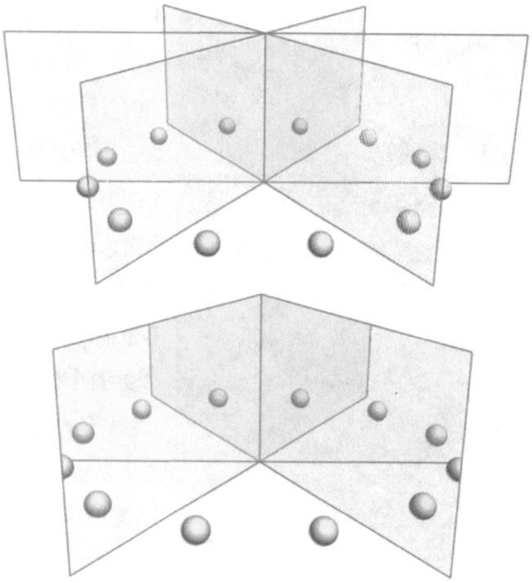

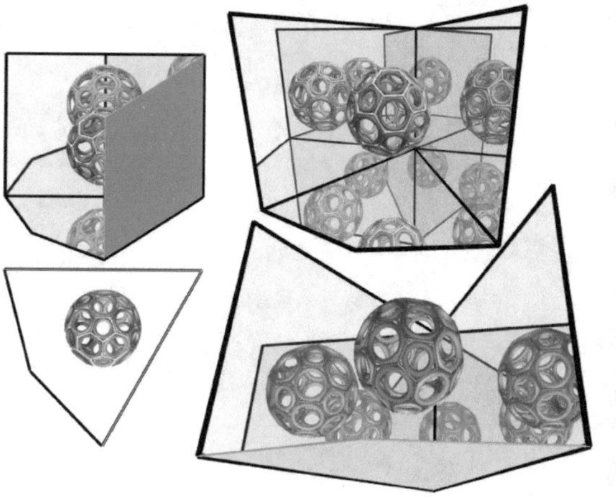

Darstellung in Echtzeit

Mehrfachspiegelungen bekommt man mit sog. „Raytracing"-Programmen gut in den Griff, allerdings dauert der Bildaufbau verhältnismäßig lange – außer man hat spezielle Grafikkarten. Jedoch ist es bei gewöhnlichen Grafikkarten möglich durch spezielle Angaben genügend Bilder pro Sekunde (mindestens 20 Bilder) einzufügen, um Bewegungen flüssig darstellen zu können: Man erzeugt von vornherein die nötigen virtuellen Objekte und stellt sie in der richtigen Reihenfolge – und nur durch entsprechende Spiegelfenster sichtbar – dar. Dies verdeutlicht das Demo-Video mit der menschlichen Figur und dem „Buckyball", einem aus einem archimedischen Körper abgeleiteten Objekt mit vielen Symmetrien.

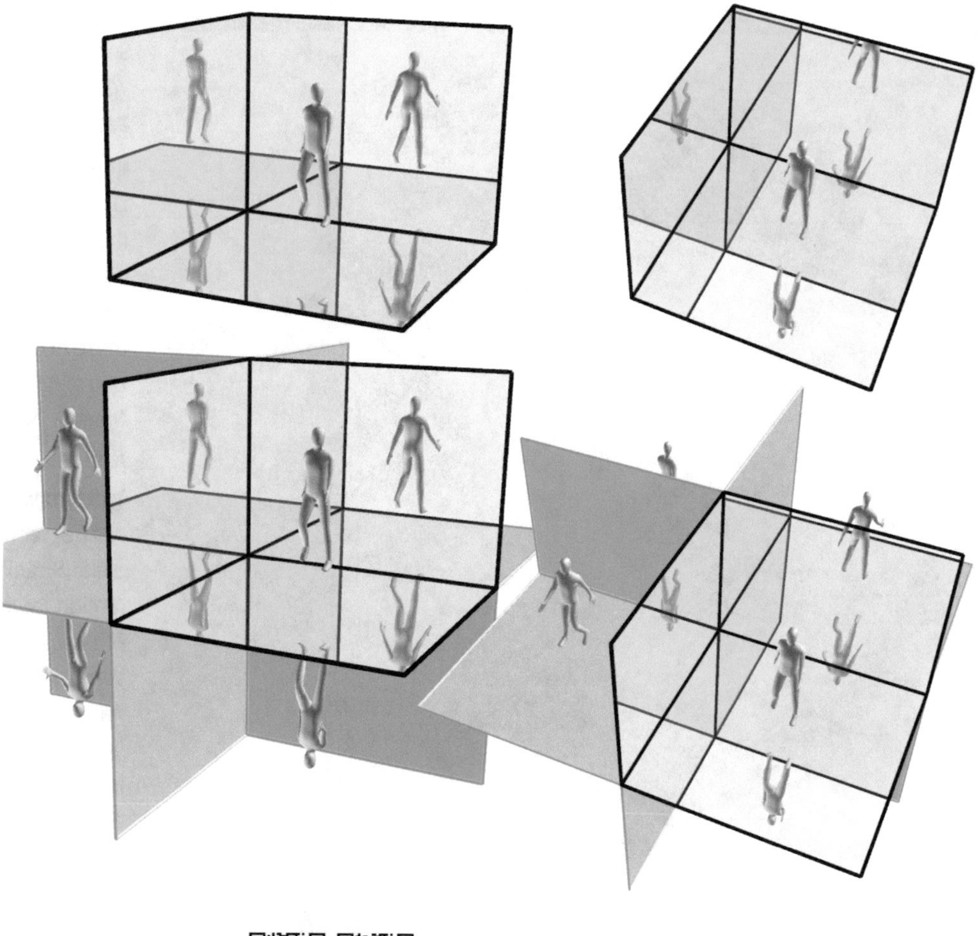

Demo-Videos
http://tethys.uni-ak.ac.at/cross-science/multiple-reflections.mp4

Mysteriöse Kornkreise

Eine schöne Kreiskonfiguration

Mithilfe der sogenannten Inversion an einem Kreis kann man schöne und nicht-triviale Figuren wie im Bild unten erzeugen: Wir beginnen mit einer gegebenen Anzahl von kongruenten einander berührenden Kugeln und ordnen sie kreisförmig so an, dass ihre Mittelpunkte die Eckpunkte eines regelmäßigen Polygons sind. Jetzt passen sie in einen Torus. Wenn wir eine Inversion anwenden, werden die beiden Kreise des Torus in der Symmetrieebene in zwei neue Kreise umgewandelt. Die Kugeln werden dabei in nicht kongruente Kugeln umgewandelt, die einander berühren und eine Kette bilden. Allerdings liegen die Mittelpunkte dieser Kugeln auf einer Ellipse. Ohne Inversion wäre es schwierig, eine solche Figur zu erzeugen.

Aliens?

Die Abbildung wurde erstellt, nachdem jemand dem Autor Fotos von Kornkreisen wie dem oben links gezeigt hatte. Obwohl wiederholt nachgewiesen wurde, wie Menschen diese Art von „Hoax" erzeugen können, glauben viele Menschen immer noch, dass die Muster Botschaften von „Außerirdischen" sind.

Traktorspuren

Auf der rechten Seiten sind Screenshots aus einer Simulation zu sehen. In dieser Animation (siehe Video) wird gezeigt, wie das Muster effizient erzeugt werden kann. Ein verräterischer Hinweis sind die — immer vorhandenen — Spuren, die von landwirtschaftlichen Maschinen hinterlassen werden, denn jene Menschen, welche die Kornkreise produzieren, müssen sich entlang solcher Spuren über das Getreidefeld bewegen (Foto rechte Seite links).

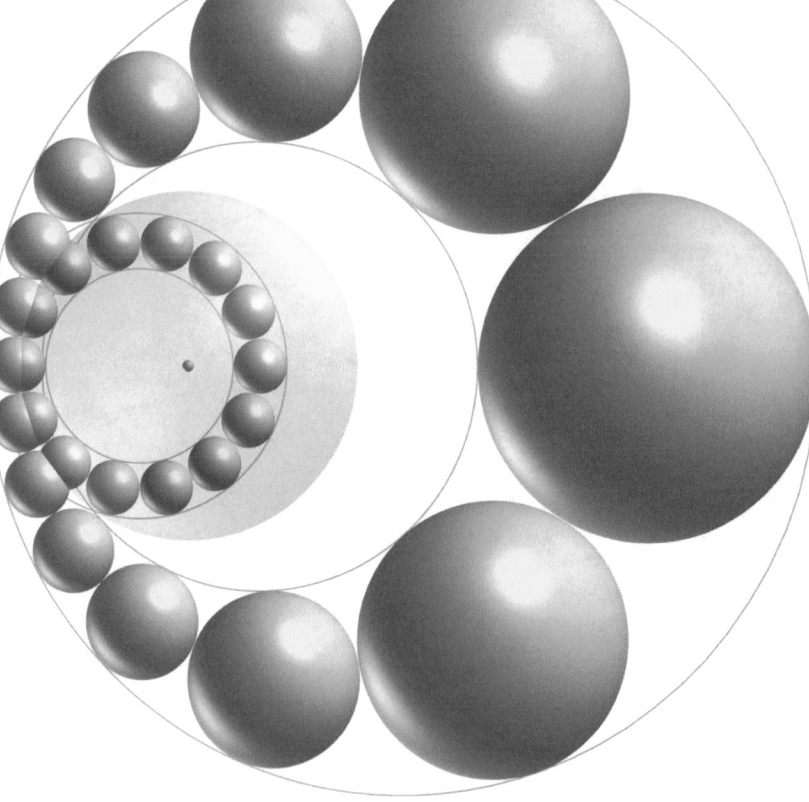

Quellenangabe und Demo-Video
https://en.wikipedia.org/wiki/Crop_circle

Die Wundertrommel

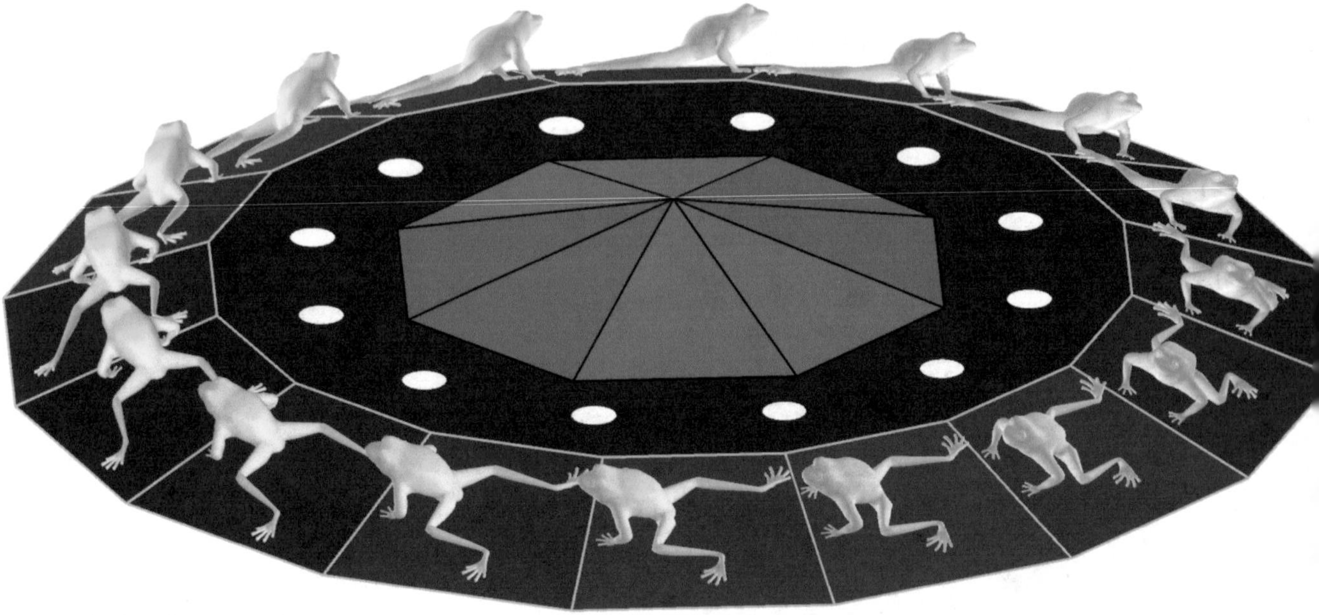

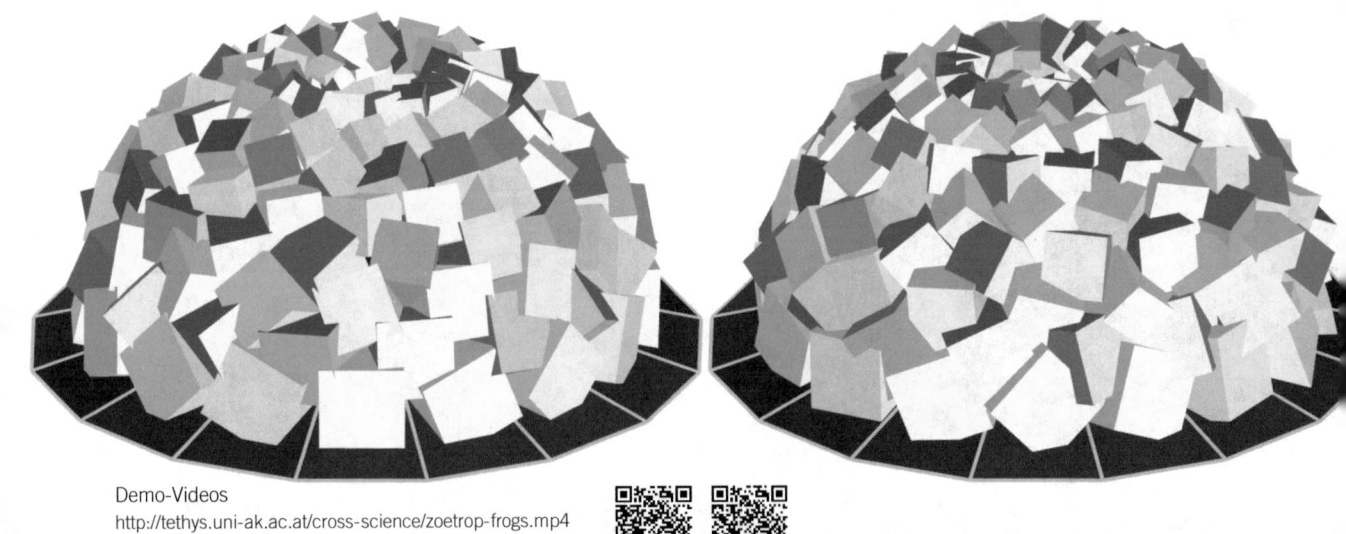

Vortäuschung von Bewegung

Dreht man eine Scheibe mit einer Reihe von gleichmäßig verteilten Objekten, die Zwischenbewegungen eines Objekts anzeigen, mit einer bestimmten Winkelgeschwindigkeit, wird das Gehirn getäuscht und sieht nur ein sich bewegendes Objekt (so ein Vorfilmanimationsgerät wird auch Zoetrop genannt). Im oberen Bild wurde das Computermodell eines Frosches in 16 verschiedenen Positionen erstellt. Lässt man die Scheibe nun mit zunehmender Winkelgeschwindigkeit rotieren, hat man das Gefühl,

die Frösche drehen sich im bzw. gegen den Uhrzeigersinn. Ab einer gewissen Umdrehungszahl – wenn die Lagen der Frösche innerhalb von weniger als einer Zwanzigstel Sekunde zur Deckung kommen – sieht man auf der Scheibe 16 Frösche, die ihr Bein kreisen lassen.
Im Bild unten sieht man einen Haufen von Würfeln, die der Reihe nach so modelliert sind, dass sie einzeln Drehungen ausführen. Bei entsprechend hoher Bildwiederholungsrate kommt der Haufen selbst in Bewegung …

Demo-Videos
http://tethys.uni-ak.ac.at/cross-science/zoetrop-frogs.mp4

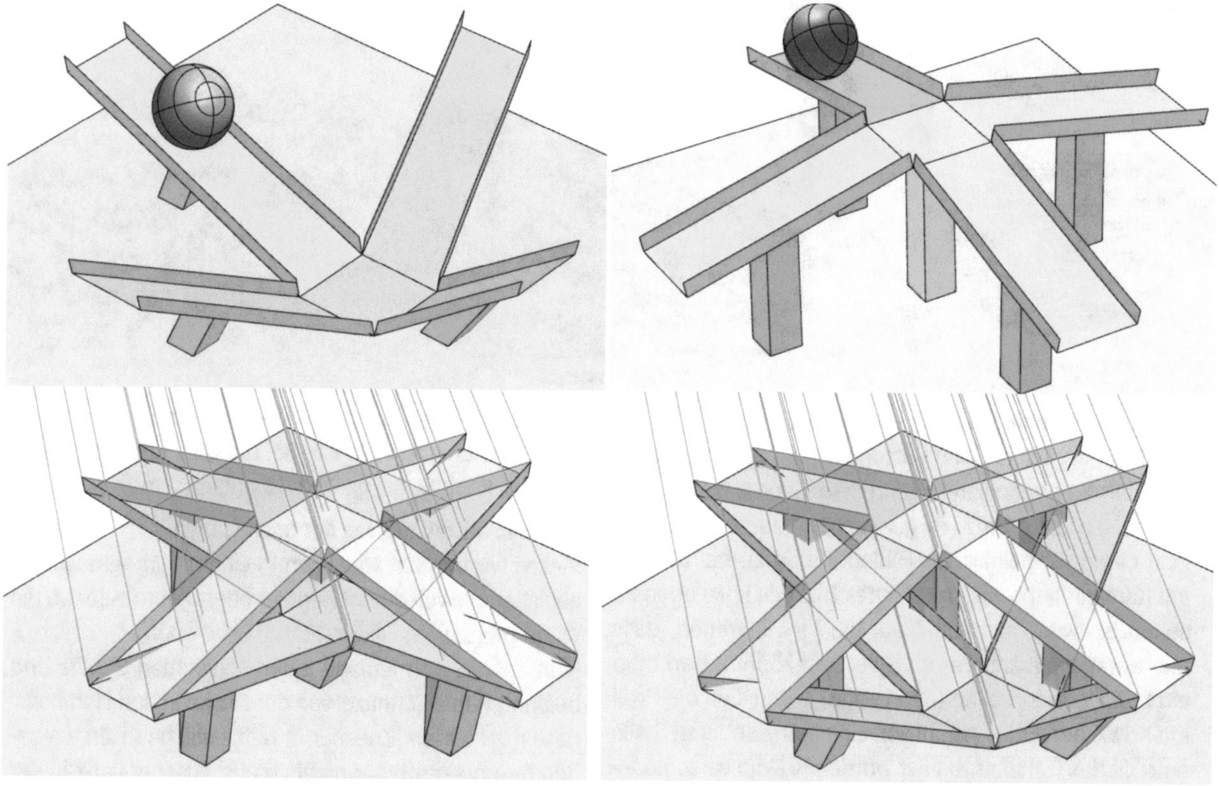

Unser Hirn lässt sich leicht täuschen ...

Kokichi Sugihara hat sich Gedanken gemacht, wie man Kugeln scheinbar aufwärts rollen lassen kann. Alles hängt davon ab, dass der Augpunkt in eine bestimmte Position gezwungen werden muss. Wenn Sie von dieser Position aus denken, dass Sie auf eine stabile und ausgewogene Konstruktion schauen, wird Ihr Gehirn sofort die Höhen bestimmter Punkte in der Konstruktion interpretieren, und es wird Ihnen sagen: Die Plattform in der Mitte im Bild rechts oben hat die höchste Position.

Das Gebilde ist jedoch nicht symmetrisch und stabil. Ihre Eckpunkte liegen irgendwo auf den Projektionsstrahlen durch die Bildpunkte des Gebildes. Unter den unendlich vielen Möglichkeiten sollte man nun eine nicht symmetrische Konstruktion wählen, bei der die Plattform tiefer liegt. Bei komplizierteren Objekten wird man eine räumlich-perspektivische Kollineation anwenden, um das entsprechende Objekt zu berechnen.

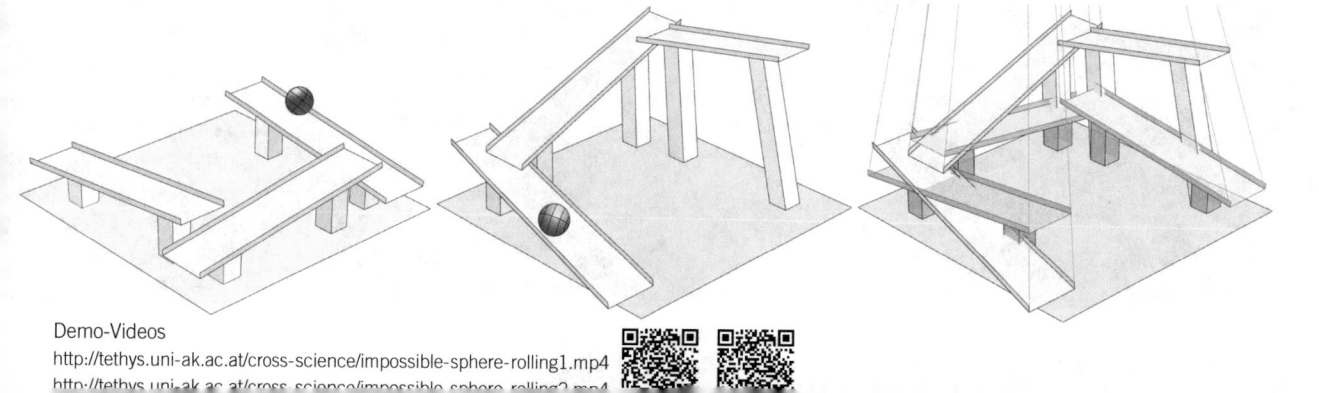

Demo-Videos
http://tethys.uni-ak.ac.at/cross-science/impossible-sphere-rolling1.mp4
http://tethys.uni-ak.ac.at/cross-science/impossible-sphere-rolling2.mp4

Verschiedene weitere Illusionen

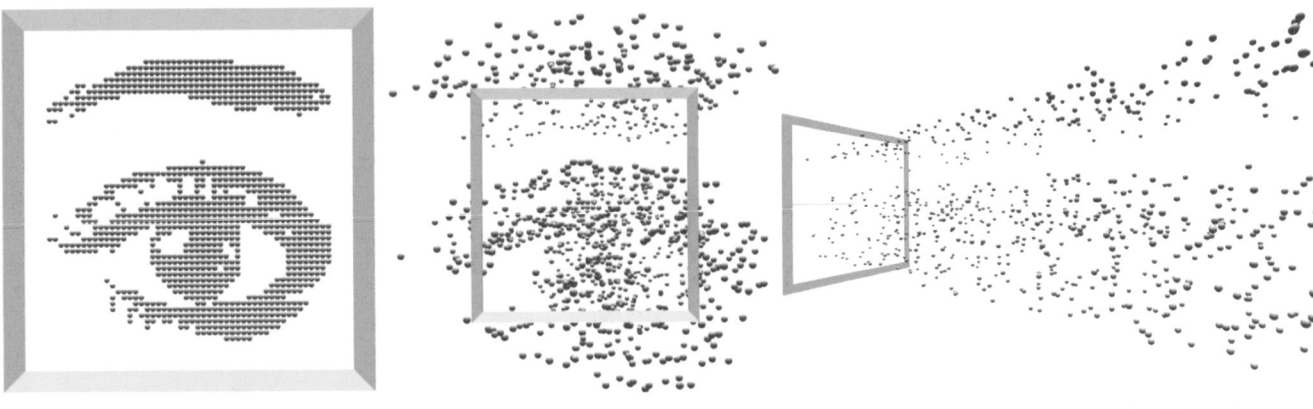

Wenn man an eine Postion gebunden ist

Wenn es möglich ist, eine Person an einer ganz bestimmten Stelle zu positionieren, kann man ihr oder ihm einiges vorgaukeln. Ist man z. B. gezwungen, durch ein Guckloch einen vermeintlichen Bilderrahmen zu betrachten, auf dem ein gepixeltes markantes Bild wie links oben zu sehen ist, wird man kaum auf die Idee kommen, dass hier etwas ganz anderes im Spiel sein könnte. Darf man ein Stück näher rücken (oben Mitte), lösen sich die Pixel irgendwie auf. Eine Ansicht von einer ganz anderen Stelle enthüllt das Geheimnis: Hier wurden Kugeln verschiedener Größe im Raum verteilt (oben rechts).

Sternbilder

Die besagte erzwungene Position liegt vor, wenn wir den Nachthimmel betrachten und diverse Sternbilder erkennen, etwa den großen Wagen, mit dessen Hilfe man den Polarstern finden kann (Bilderserie unten). Hier sehen wir Sterne unserer Milchstraße, die ganz unterschiedlich hell und keineswegs gleich weit entfernt sind.

Papierschnitzel, die von der Decke fallen

Stellen wir uns vor, wir sitzen in einem Vortragssaal und genießen die von einem Beamer oder Diaprojektor an die Wand projizierten Bilder (rechte Seite oben).

Nun erlaubt sich jemand einen schlechten Scherz und beginnt, Papierschnitzel von der Decke in den Lichtkegel rieseln zu lassen. Zuseher in den seitlichen Rängen sehen nun praktisch gar nichts mehr. Zuseher ganz in der Nähe des Projektors hingegen merken fast nichts!

Hier passiert eine perfekte Illusion: Die Papierschnitzel werden auch vom Projektor bestrahlt. Auf jedem einzelnen Schnitzel entsteht ein perspektivisch mehr oder weniger extrem verzerrtes Bild eines Teils des Original-

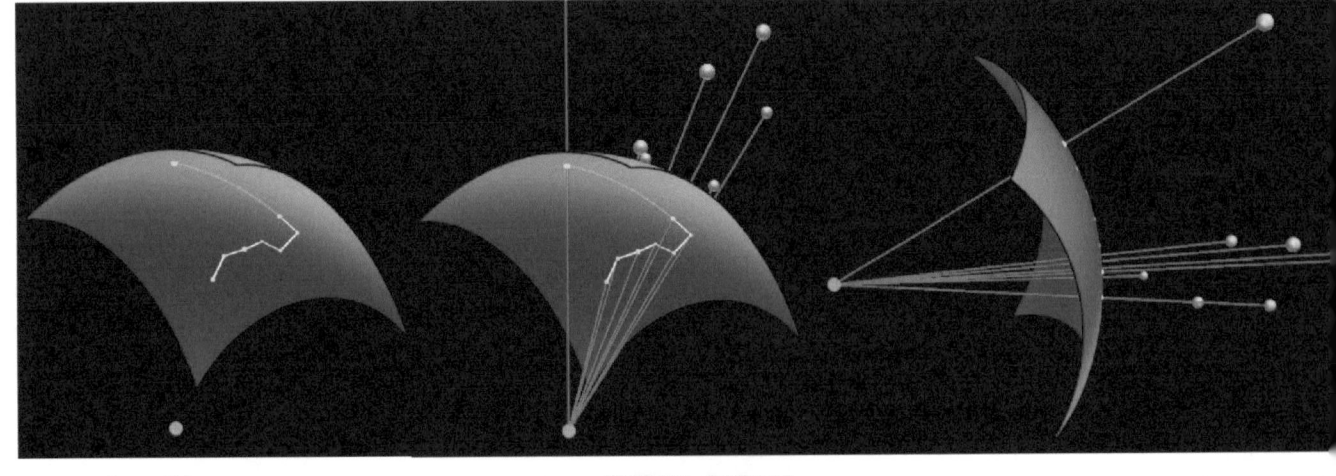

Demo-Videos
http://tethys.uni-ak.ac.at/cross-science/illusion-of-an-eye.mp4

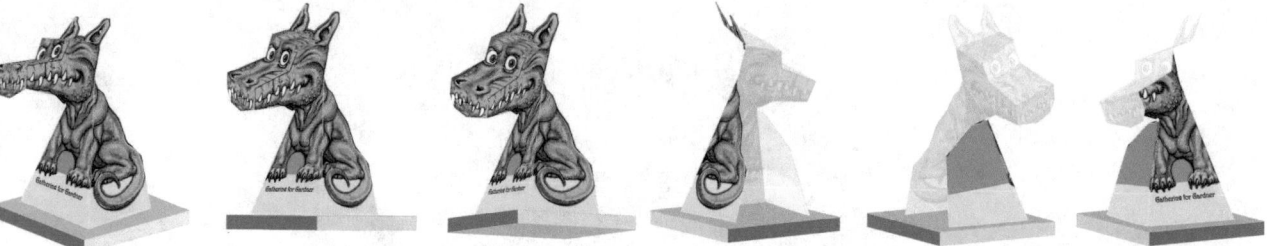

bildes. Zudem entsteht ein Schlagschatten des Schnitzels auf der Projektionswand. Exakt aus dem Linsenzentrum betrachtet ist all dies nicht zu sehen.

Wenn nur ein windschiefes Polygon vorliegt

Der „Dragon Thinky" (Bild unten, siehe auch die angegebene Webseite) scheint auf einem Sockel zu sitzen. Dieser Sockel ist tatsächlich ein räumlicher Quader.

Thinky ist jedoch ein in verschiedene Richtungen gefalztes Polygon. Bei geringen Drehungen der Szene hat man plötzlich das Gefühl, der Drache bewege seinen Kopf. Erst wenn man weiterdreht, erkennt man den Trick dahinter. Unser Hirn ist darauf trainiert, Objekte als dreidimensionale Vollkörper zu sehen. Selbst mit einem Illustrations-Video fällt man immer wieder auf den Trick hinein.

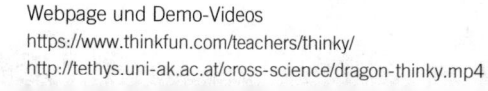

Webpage und Demo-Videos
https://www.thinkfun.com/teachers/thinky/
http://tethys.uni-ak.ac.at/cross-science/dragon-thinky.mp4

Demo-Video

Simulationen:
Realitätsnähe?

Demo-Video

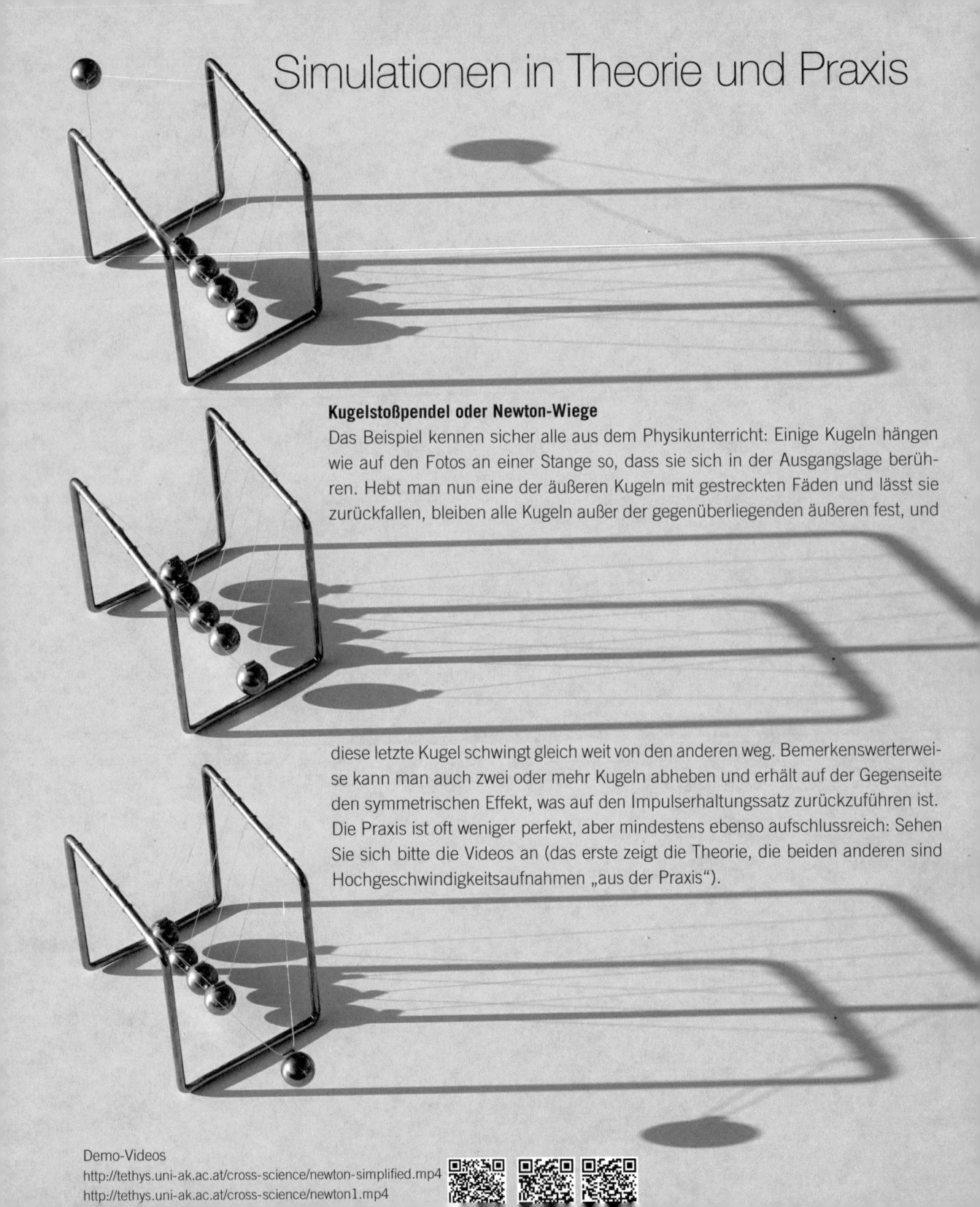

Simulationen in Theorie und Praxis

Kugelstoßpendel oder Newton-Wiege

Das Beispiel kennen sicher alle aus dem Physikunterricht: Einige Kugeln hängen wie auf den Fotos an einer Stange so, dass sie sich in der Ausgangslage berühren. Hebt man nun eine der äußeren Kugeln mit gestreckten Fäden und lässt sie zurückfallen, bleiben alle Kugeln außer der gegenüberliegenden äußeren fest, und

diese letzte Kugel schwingt gleich weit von den anderen weg. Bemerkenswerterweise kann man auch zwei oder mehr Kugeln abheben und erhält auf der Gegenseite den symmetrischen Effekt, was auf den Impulserhaltungssatz zurückzuführen ist. Die Praxis ist oft weniger perfekt, aber mindestens ebenso aufschlussreich: Sehen Sie sich bitte die Videos an (das erste zeigt die Theorie, die beiden anderen sind Hochgeschwindigkeitsaufnahmen „aus der Praxis").

Demo-Videos
http://tethys.uni-ak.ac.at/cross-science/newton-simplified.mp4
http://tethys.uni-ak.ac.at/cross-science/newton1.mp4

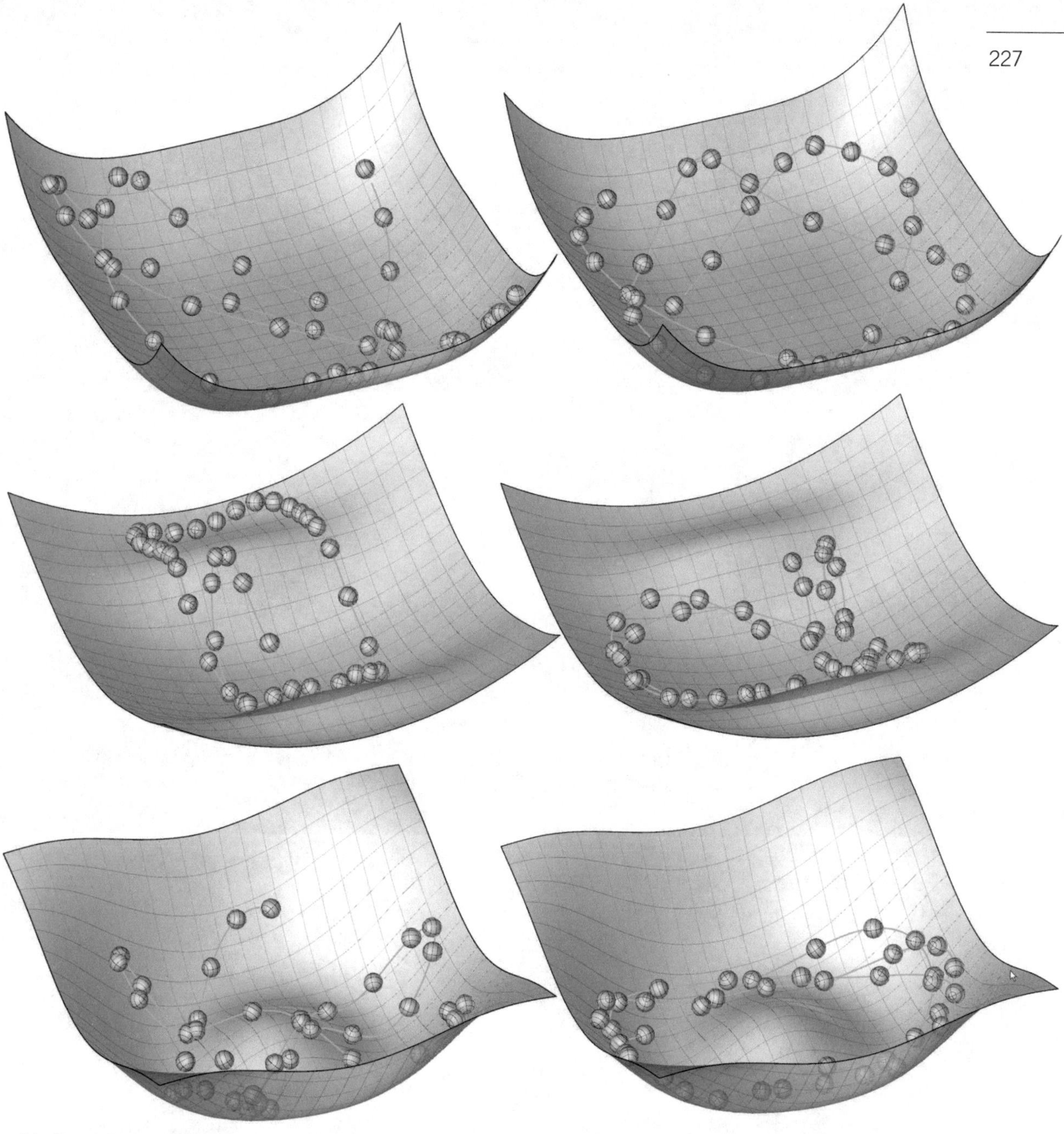

Die Kugel in der Schüssel

Die obigen Animationen zeigen, wie eine Kugel in verschiedenen Schüsselformen rollt. Die geringste Änderung in den Parametern wirkt sich dabei sofort auf das Ergebnis aus (Anfangsgeschwindigkeit, Startwinkel).

Die Gravitation ist die treibende Kraft

Die Kugel beschleunigt so, wie Galilei es durch sein berühmtes Experiment gezeigt hat. Allerdings rollt die Kugel nicht auf einer schiefen Ebene, sondern auf einem Funktionsgraphen.

Demo-Videos

http://tethys.uni-ak.ac.at/cross-science/rolling-sphere.mp4
http://tethys.uni-ak.ac.at/cross-science/rolling-ball1.mp4
http://tethys.uni-ak.ac.at/cross-science/rolling-ball2.mp4

Schwarmverhalten

Demo-Videos
http://tethys.uni-ak.ac.at/cross-science/swarm-calm.mp4
http://tethys.uni-ak.ac.at/cross-science/swarm-stressed.mp4
http://tethys.uni-ak.ac.at/cross-science/sharks-hunting.mp4

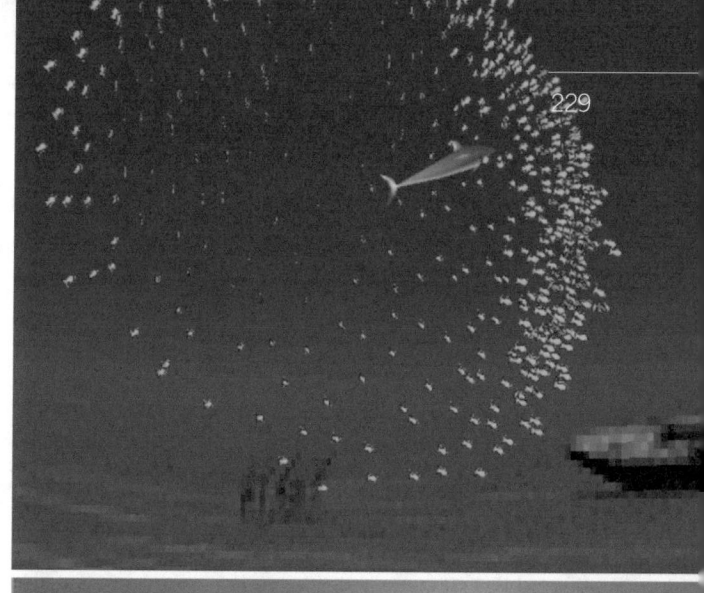

Eine perfekte Choreografie?

Kleinere Fische haben nicht selten – so wie viele Vögel – ein ausge-
prägtes Schwarmverhalten. Interessanterweise gibt es dabei keinen
Anführer, der bestimmt, was als Nächstes zu geschehen hat. Die
ganze Choreografie ist vielmehr das Produkt vieler Einzelreaktionen.

Drei Regeln

Ein Fisch im Schwarm will eigentlich nur in einer relativ nahen Distanz zu seinen Nachbarn bleiben, z. B. eine Körperlänge (Regel 1).
Auf der Nahrungssuche bewegen sich die Individuen tendenziell ge-
mächlich dorthin, wo es mehr zu fressen gibt (erstes Video linke Seite, Regel 2).

Taucht nun ein Räuber auf, werden die Individuen in dessen Nähe
verständlicherweise vom Ort der Gefahr fliehen (Regel 3). Ihre Nachbarn haben die Gefahr womöglich gar nicht erkannt, aber sie wollen
– nach einer kurzen Reaktionszeit – sofort ihren davon fliehenden
Nachbarn nacheilen. Insgesamt wird eine Kettenreaktion (Schock-
welle) ausgelöst, die Individuen erfassen kann, die weit weg von der
Gefahr sind (drittes und viertes Video linke Seite).

Ist nun die Gefahr vorüber, suchen die am schnellsten Entflohenen
gemäß Regel 1 wieder den Anschluss an den Schwarm. Nach einer
gewissen Zeit – womöglich bis zum nächsten Angriff – kehrt wieder
Ordnung ein.

Das ganze Chaos ist durch diese Regeln bestimmt, die relativ leicht
programmierbar sind (erstes Video), wobei der Formenvielfalt des
Schwarms kaum Grenzen gesetzt sind.

Simulation von Verkehrsstau

Das untere Bild und vor allem das zweite Video auf dieser Seite zeigen, wie leicht beim Autofahren der „Ziehharmonika-Effekt" auftritt,
wenn die Abstände zwischen den Fahrzeugen zu gering sind und
dadurch die Reaktionszeit der Autofahrer nicht mithalten kann.

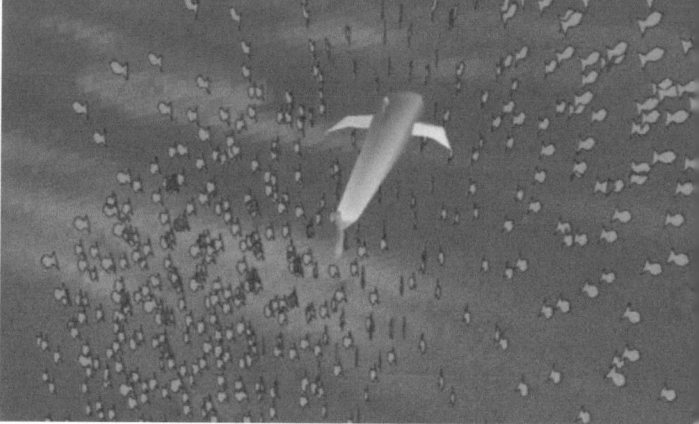

Demo-Videos
http://tethys.uni-ak.ac.at/cross-science/swarm-simulation.mp4

Realistische Bewegungen imitieren

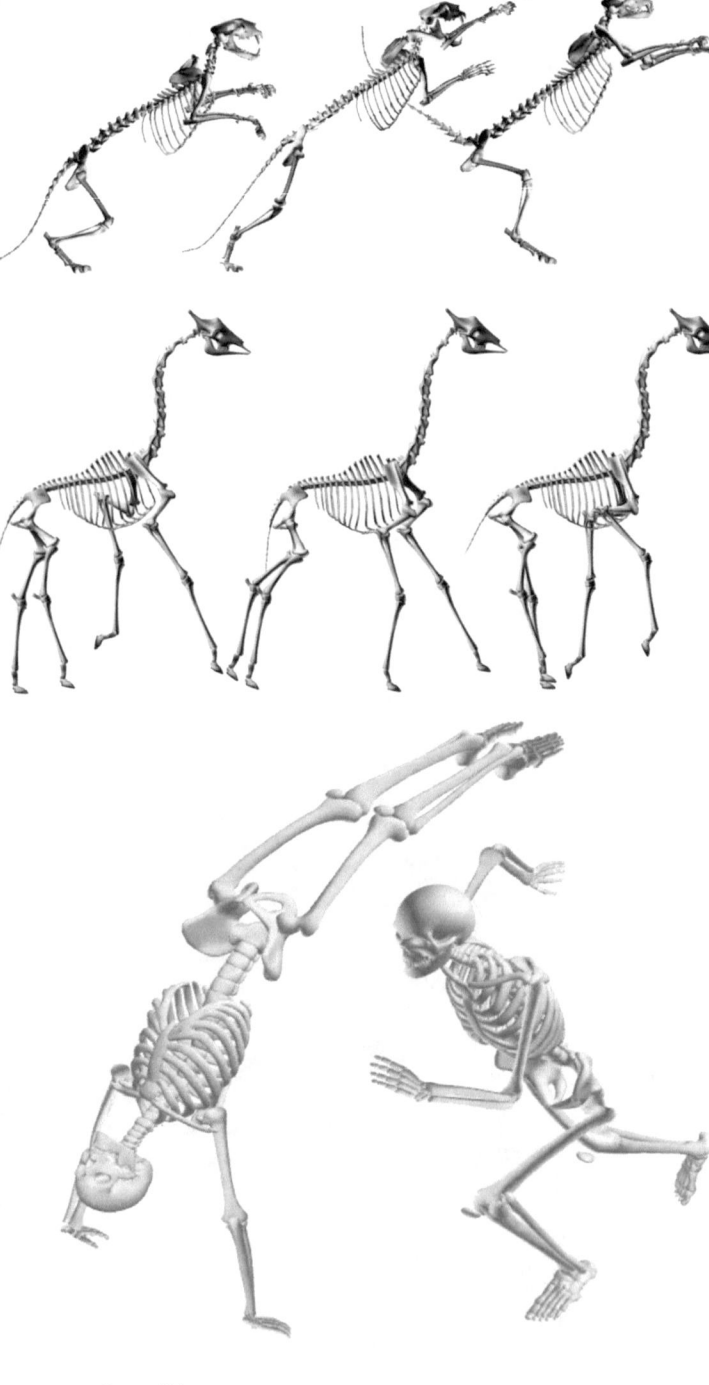

In Abertausenden von Jahren der Evolution …

hat die Natur die Bewegung der Tiere perfektioniert. Sei es eine kleine Katze, die ihren Körper bereits perfekt bewegt, um Köder zu fangen, oder ein Reh, das mit voller Geschwindigkeit durch unwegsames Gelände springt (rechte Seite). Es besteht kein Zweifel, dass die Natur die Bewegung bereits optimiert hat. Sollte die Evolution durch Mutation eine bessere Lösung finden, sodass sich einzelne Tiere noch besser bewegen können, werden sich diese häufiger vermehren und so ihre mutierten Gene verbreiten können. Die Frage für einen Computerprogrammierer lautet: Wie kann eine so perfekte Bewegung simuliert werden?

Analyse mit Referenzbildern und Videos

Eine mögliche Lösung des Problems ist folgende: Zuerst Referenzbilder und Videos sammeln, vorzugsweise von genauen Seiten- und Vorderansichten (daher ist die Löwensequenz rechts oben zwar spektakulär, aber nicht 100% ideal. Schon viel besser eignet sich die Serie mit der galoppierenden Giraffe (rechts unten).

Modell eines Skeletts

Als Nächstes laden Sie das Modell eines Skeletts in professionelle Programme, die Module für die sogenannte inverse Kinematik bereitstellen (z. B. die freie Modellier- und Animationssoftware Blender). Idealerweise sollte sich das Modell in einer symmetrischen Ruhepose befinden. Danach folgt der „Rigging- Prozess", bei dem eine knochenähnliche Struktur erstellt wird, die die beweglichen Gelenke darstellt und als Richtlinie für das Modell dient. Nachdem die Gesamtstruktur fertig ist und die einzelnen Teile des Modells den Gelenken zugeordnet sind, wird Inverse Kinematik auf die Gliedmaßen und den Kopf angewendet. Auf diese Weise wird nur eines der Gelenke von Hand positioniert und alle anderen weiter oben in der Gelenkhierarchie vom Programm automatisch berechnet.

Die Videos zeigen zwei Videos von Tieren und drei Skelett-Animationen.

Demo-Videos
http://tethys.uni-ak.ac.at/cross-science/catwalk.mp4
http://tethys.uni-ak.ac.at/cross-science/jumping-kitten.mp4
http://tethys.uni-ak.ac.at/cross-science/jumping-leopard.mp4

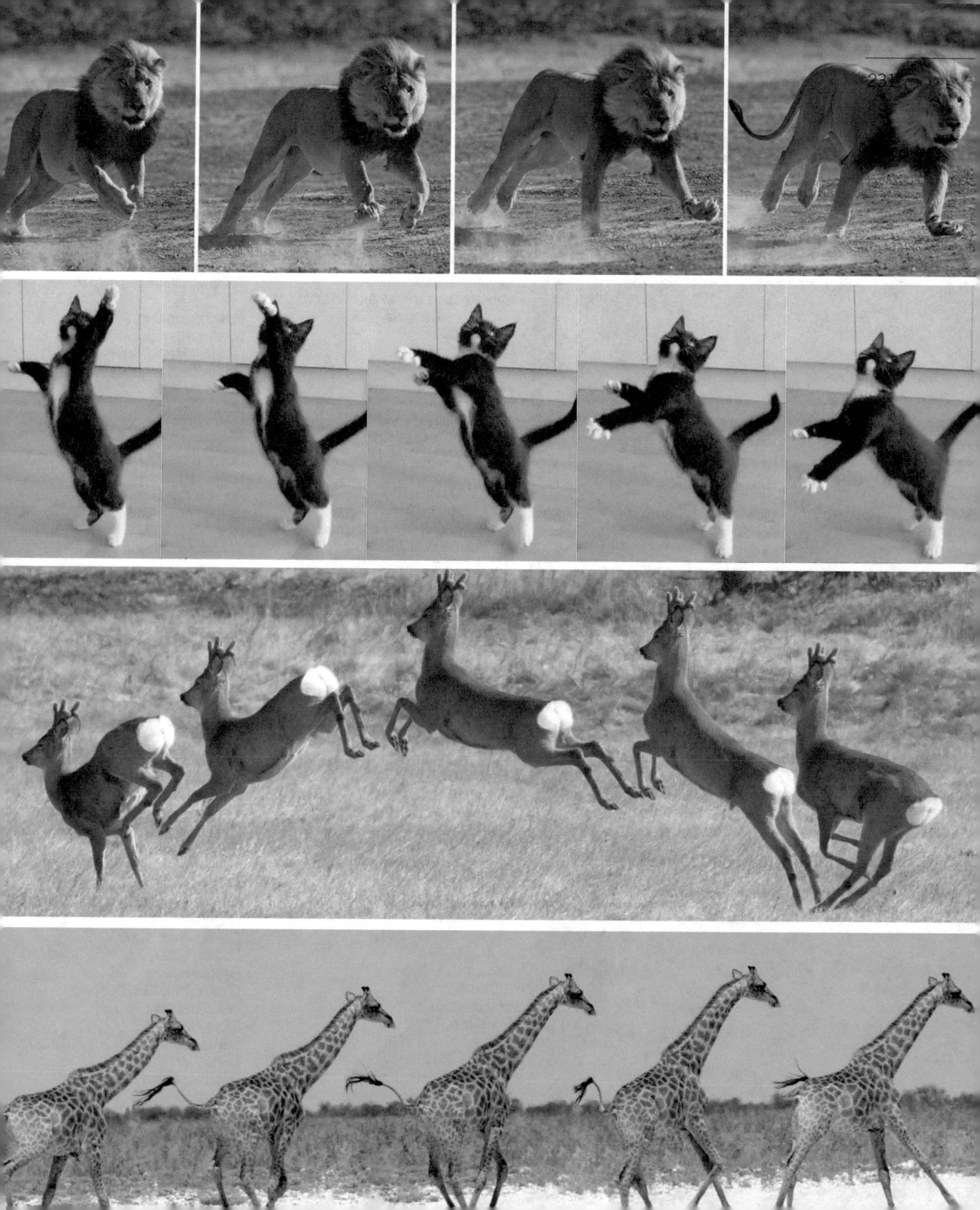

Index

Links: Das Galton-Brett simuliert statistische Verteilungen. In dieser Anwendung kann es manipuliert werden, indem die herunterfallenden Kugeln stärker abspringen oder dazu tendieren, nach einer Seite zu fallen.

Demo-Video

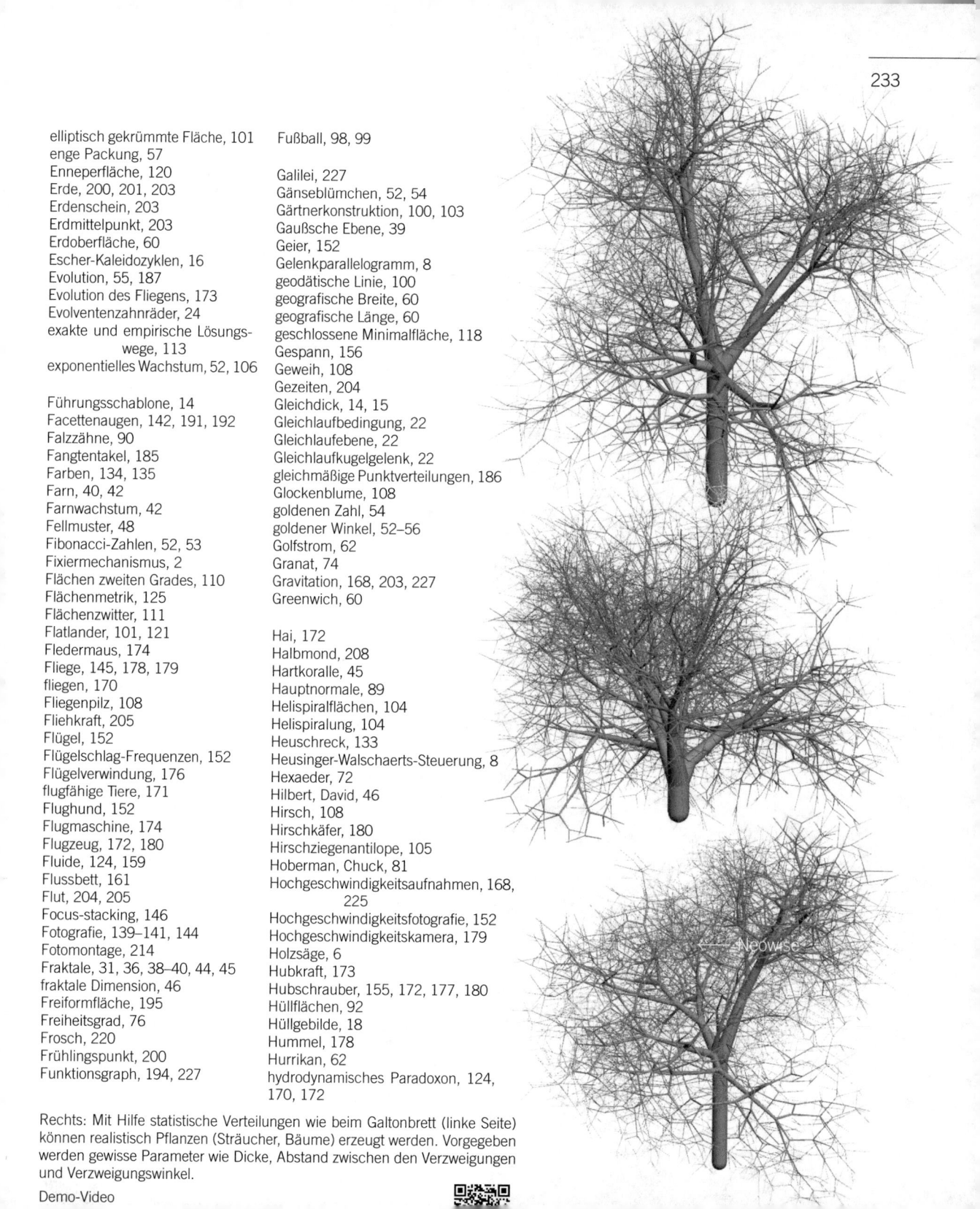

Rechts: Mit Hilfe statistische Verteilungen wie beim Galtonbrett (linke Seite)
können realistisch Pflanzen (Sträucher, Bäume) erzeugt werden. Vorgegeben
werden gewisse Parameter wie Dicke, Abstand zwischen den Verzweigungen
und Verzweigungswinkel.

Demo-Video

Links: Ein optisches Prisma. Der eingehende Lichtstrahl wird zweimal in die Regenbogenfarben aufgefächert.

Demo-Video

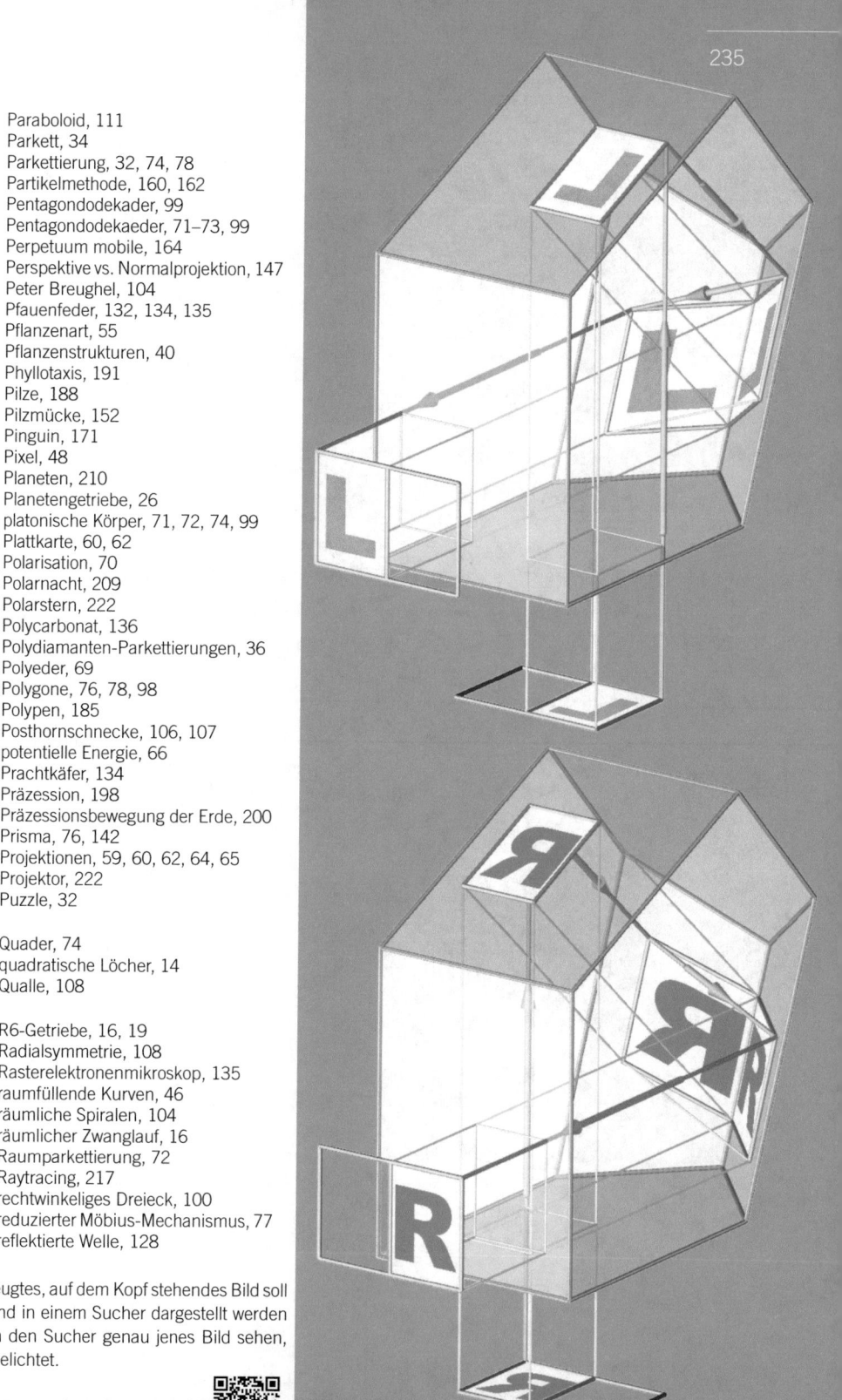

Rechts: Ein über ein Linsensystem erzeugtes, auf dem Kopf stehendes Bild soll über ein Spiegelsystem aufgerichtet und in einem Sucher dargestellt werden (Spiegelreflexkamera): Man soll durch den Sucher genau jenes Bild sehen, das dann beim Abdrücken den Chip belichtet.

Demo-Video

Links: Das berühmte Parkett von M. C. Escher mit den Echsen. Das Demo-Video zeigt, wie man es durch Drehungen und Translationen erzeugen kann.

Demo-Video

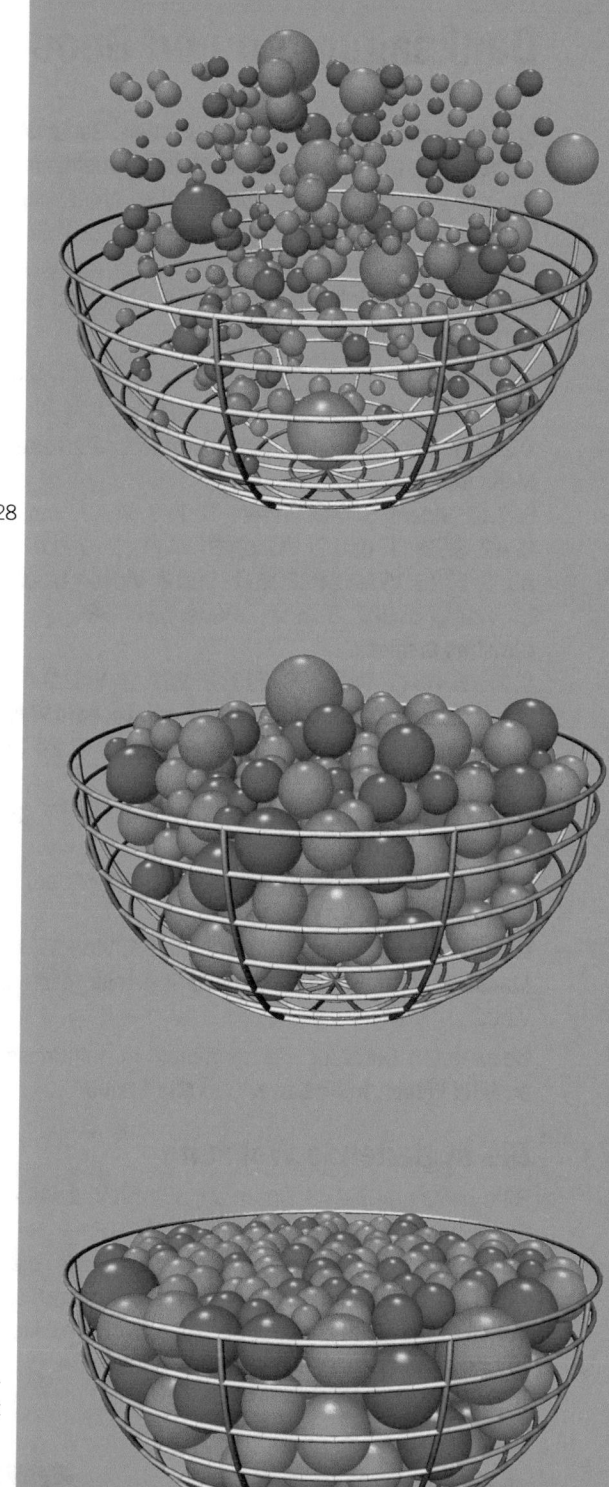

Rechts: Optimierungsproblem beim Anfüllen einer halbkugelförmigen Schüssel mit verschieden großen Kugeln. Der Algorithmus sucht Schicht für Schicht die optimale Packungsdichte.

Demo-Video

Danksagungen und Goodies

Koautor **Franz Gruber** ist 2019 verstorben. Georg Glaeser hat die Aufgabe übernommen, die vielen gemeinsamen Arbeiten, die bis dahin erstellt wurden, zusammenzufassen und der Nachwelt zur Verfügung zu stellen. Zusätzlich wurden auch Themen übernommen, die mit den Interessensgebieten Grubers in Einklang standen. Das Buch ist seinem Andenken gewidmet.

Alle Fotos wurden von Georg Glaeser gemacht. Die meisten der ca. 300 angeführten Videos stammen von den Autoren.

Die folgenden Videos wurden von anderen Personen erstellt:
Meda Retegan:
S. 1 (2. Video), S. 6 (1. Video), S. 7, S. 26 (3. and 4. Video), S. 42, S. 53 (1. und 2. Video), S. 54 (1., 2. und 4. Video), S. 55, S. 57 (2. Video), S. 202 (1. und 2. Video), S. 204, S. 206 (1. Video), S. 207, S. 209 (2. Video), S. 238
Christian Clemenz:
S. 36, S. 66 (2. Video), S. 217, S. 229 (2. Video), S. 230 (1., 3. und 5. Video), S. 80 (zusammen mit **Leonard Weydemann**)
Kinematikkasten der TU Wien (Geometrie), S. 24 (3. und 4. Video)
Hans-Peter Schröcker: S. 16 (3. Video), S. 17 (2. Video), S. 217 (2. Video)
Simonas Sutkus: S. 66 (1. Video), S. 84 (2. Video)
Nina Gstaltner: S. 141 (2. Video)
Lukas Kotolek-Steiner: S. 211 (2. und 3. Video)
Claudia Carozzi, Stefan Felkel und Christoph Fessl: S. 229 (1. Video)

Besonderen Dank für das sorgfältige Korrekturlesen ergeht an **Julia Weber**, **Irene Karrer** und **Mia Steiner**.

Die begleitende Webseite

Bitte besuchen Sie die unten angeführte Webseite. Dort finden Sie ausführbare Programme, die Sie (unter Windows) installieren können, sowie weitere Demo-Videos, die nicht im Buch angeführt sind, aber ihre Fantasie anregen sollen. Der Vorteil dieser Seite ist, dass sie auch nach Drucklegung des Buchs immer wieder aktualisiert werden kann.

Begleitende Webseite
https://tethys.uni-ak.ac.at/cross-science/goodies/

Demo-Video
http://tethys.uni-ak.ac.at/cross-science/dragonfly-simulation.mp4

Printed in the United States
by Baker & Taylor Publisher Services